桜の来た道

桜の来た道

—ネパールの桜と日本の桜—

染 郷 正 孝

信 山 社

発刊にあたって

外国人には、日本を「桜の国」と呼ぶ人々がいますが桜は日本を印象づける代表的な花です。桜は、日本の文化を育み、人々の生活と密接な関係にありました。桜前線と言う言葉があるように、沖縄から北海道まで植栽された桜は、日本全国に春をつげます。野生の桜はさまざまな花を楽しませてくれます。桜の木は家具、食材などにも用いられています。

また、私たちは桜と言えば花見を思い浮べます。花の下で宴をはる花見の文化は外国には見られません。この花見はいつごろからはじまったものでしょうか。桜のルーツはネパールにあると言われています。花見もネパールから来たものでしょうか？　この謎に迫るために平成一一年七月から平成一二年四月まで東京農業大学短期大学部教授・染郷正孝先生が永年の研究成果を、本学農業資料室においてそのルーツに迫る展示「桜の来た道」として開催し、先生のお考えをわかりやすくまとめていただきました。

本書が桜を愛でる方々に広くご一読願えれば幸いです。

二〇〇〇年三月一五日

農業資料室長　牧　恒　雄

桜の来た道　目　次

桜の来た道

一章　サクラの来た道　サクラは本来秋に咲いた

一　サクラの不思議

　サクラは、古来から日本人のもっとも親しんできた国花に準ずる代表的な花木です。季節感のはっきりした日本の風土の中で華麗に春を告げて咲き、散り急ぐさまも美しく、日本人の農耕や生活に密着し、詩歌にも詠まれ日本の文化を育んできました。

　また、サクラは海外でも、平和の使節の役を果たしています。海外でサクラを見つけた日本人は、たとえそれが本書で紹介するようなヒマラヤやミャンマーの奥地であっても、誰かがそれを日本からもってきて植えたと思うでしょう。サクラはやはり日本独特のものであるという思いに、疑いを持たないからです。

　こうした素朴な思いは、樹木の研究の分野でも浸透しており、「サクラはどこから来たのだろう?」などというテーマは、これまでさほど大きく取り上げられることはありませんでした。本書の主なねらいの一つは、果たして本当にサクラは日本独特のものなのだろうか、そうでなければいったいどこからやってきたか、という疑問を植物学的に検証することです。

わたしは長い間、農林水産省森林総合研究所（旧林業試験場）に勤め、森林や樹木の進化の研究に携わってきました。その後半は東京都八王子市廿里町の多摩森林科学園に移り、一九八五年からの五年間、サクラの保存林の一一五〇種、二〇〇〇本のサクラに直面して過ごす運命となりました。

サクラはやはり美しく、時として研究者の客観性を奪うほどの魅惑的な花木でした。しかし、見学者から「サクラが好きなのですネ」と問われると素直に「ええ好きです」と答えられない気持ちも一方ではありました。たとえば、雑種だといわれている有名品種が雑種性を示さなかったり、台木と穂木のつぎめの痕跡がなかったり。幹の途中から根が出ているのはなぜか?　桜がしだれてるのはなぜか?　花びらはなぜ散り急ぐのか?　緑のサクラの花の不思議……等々、多くの疑問点や解明すべき点がみえてきます。もっとも身近にあるサクラは、実は謎だらけの樹木でもあるのです。そうなるとサクラを好きなどと言っている暇もありません。こうしたたくさんの謎を解くため、それぞれの品種や形質について、一つ一つを数量化していく単調な作業が続きました。

最近NHKラジオの対談番組で、淡水生物研究所所長の森下邦子さんが「研究対象物には情は移さないことだ、好きになるのは趣味の範囲……」と明快に代弁しておられるのを聞きましたが、まさにそういう気持ちです。

山あり谷ありの地形にサクラの花びらが舞う春の林、夏の新緑、落葉の秋、そして冬の雪化粧。四季の中でみせるサクラの多様性に、わたしの専門とする進化や遺伝学的な研究手法で対決すると、これまでの常識では見えてこなかった、別のサクラの表情がありました。

そうした中で、わたしは秋に咲く桜の謎にとくに関心を覚えました。落葉期の寂しい秋のサクラ林にほのぼのと白い花を咲かせるジュウガツザクラ（十月桜）やフユザクラ（冬桜）、……。それらの品種群の不思議な光景はやがて「サクラの来た道」をたどる研究の大きなヒントになっていくのです。

二　多摩森林科学園とサクラ保存林

東京の新宿から中央線に乗り約一時間、高尾駅に下車すると、サクラで有名な多摩森林科

サクラ保存林
農林水産省多摩森林科学園（旧浅川実験林）
6haのサクラ保存林には、約250品種、1800本のサクラが咲き競っている。花の頃には、毎年約４万人の見物客で賑わう。

学園があります。その前進は大正一一年（一九二二）、旧東京府南多摩郡横山村（現在は八王子市の一部）に設立された宮内省帝室林野局林業試験場です。つまり皇室所有の森林研究の場として、日本の森林生態学や樹木分類学の草分けとしての研究が行われた施設です。

当時の記録によれば、近くの高尾山一帯を付属林としており、高尾山薬王院に至る沿道の尾根筋にあたる天然林を保護するため、すべてが禁伐区になっていました。標高六〇〇メートルの山頂付近における緑の修景をはじめ、多摩の山並みに通じる道路を余暇散歩（今日の森林浴）道とし、ハイキングに供するための整備が積極的に行われました。山腹では環境を損なわないようにスギ、ヒノキ林を育成し、沢筋には春先の新緑がさらに美しいカツラを植栽するなどの配慮がなされています。JR中央線沿線の高尾駅から高尾山に向う列車の窓に展開される緑の流れには、時代のニーズを先取りした先人の知恵と努力がわたし達にしばしの憩いを与えているようです。

さて、今日の多摩森林科学園は、戦後の林政統一により農林省林業試験場へと組織改編を経て一九五七年に浅川実験林となり、そして一九八八年、現在の名称となりました。また九一年四月には「森の科学館」が落成しサクラの研究はもとより、森林のさまざまな研究成果をパネル展示して広く一般にも公開され、森林・林業に関する科学技術情報の発信基地としての役割を担っています。

昭和三〇年~四〇年代は国を挙げての高度成長政策のまっただ中、人々はサクラを親しむ暇もない毎日でした。日本のサクラも戦後の荒廃が尾を引いて、東京・飛鳥山のサクラや他の有名なサクラの名所も衰退し、見る影もない状態でした。

この貴重なサクラ資源を守るため、六四年「農林省桜対策事業」が発足し、日本さくらの会を中心に産官学の研究者が協議の結果、六六年から三カ年の計画で浅川実験林にサクラ保存林が誕生しました。

全国各地からサクラの種や品種を集め、再分類を行った後、つぎ木苗を養成して植栽され、今日に至っています。六ヘクタールの常緑樹林を切り開き、急峻な地形に植栽したサクラの本数は二〇〇〇本。地下足袋姿で指揮をとる林弥栄実験林長この後、東京農業大学教授として教鞭を執られた（故人）をはじめとし、事務系職員たちも含めての難行であったと聞きます。

サクラ保存林には、今から六〇〇〇年前も昔に形成されたサクラの品種をはじめ天然記念物のサクラ、そして最近の新品種に至る貴重な遺伝子を継承、それらを保存するジーンバンクとしての役割を担っています。現在、保存林のサクラの種・品種数は計二五〇種、個体数は一八〇〇本。そしてこの保存林は一般にも公開され、春に訪れるサクラの見学者は一シーズンに約六万人、人々はサクラの花の白あり、紅あり緑あり、また一重あり八重ありの変幻自在の不思議さにため息をついています。

三　林業の研究所なのになぜサクラ

浅川実験林に赴任して二年目に、行政監査の経験をしたことがあります。その目的は研究所として十分機能をはたしているか、研究業績はあるか、将来にわたってこの研究所の存続は意味があるのか、などのチェックでした。

時の監察官はいきなり「林業の研究所なのになぜ花木のサクラを研究するのですか？」と問うてきたのでした。わたしは「すべての樹木は生きていくために花をつけます」と前置きしたうえで、つぎのように力説しました。

「ここではサクラを単なる花木として見ているのではありません。森林生態系の中でのサクラは、ハンノキやシラカバなどのパイオニヤ（先駆的）樹種とブナやシイ類などのクライマックス（極層的）樹種の中間的特性をもつ樹種であり、森林植物の未知の分野の分析をする研究試料としてきわめて主要な樹種なのです。また、森林資源としても昔からサクラ材はタンスの前板の高級家具、サクラの樹皮を利用したカバ細工の様な伝統工芸品などに使われてきましたし、また江戸時代の北斎、写楽の絵師の版木にはすべてサクラ材が使われていました。さらにサクラは日本列島の中で特殊に分化し、品種にいたっては他に類のない貴重な遺伝資源なのです。」

最後に私案であるサクラに関する二〇項目からなる種の分化の遺伝分析、改良実験、ジーンバンクとしてのデータベース化の構想や種の保全・管理技術にいたる研究テーマとその期待される成果のリストを提示して監査官を説得したものです。

また、数日にわたる監査官との攻防の中で、ややわが方に利ありと思う頃を見計らい、一つの戦略としてある飲み物（アルコール系）の中に塩漬けのサクラの花（桜湯・パールフーズ㈱、小田原市荻窪、農大ＯＢ）を浮かせて差し出すと「ここではこんな研究もやっているのですか」となごやかな雰囲気の中で、浅川実験林の存在の意味や桜の研究の必要性をも良く飲み込んでくれました。

かくして、浅川実験林の研究体制を守る闘いも終わり、組織の縮小どころか「桜遺伝子保存研究室」の必要性も話題になったりして、これを喜ぶと同時に、桜守としての責任はますます重くなったことを痛感したものです。

四　秋に咲くサクラ

全国から集まった三〇〇のサクラ品種を育成するサクラ保存林を歩くと、時折、おやぁと足を止める不思議な光景に遭遇します。秋一〇月から一一月の頃は、サクラ品種のほとんどが落葉し、ひときわ寂しいサクラ山に霞のように咲いているフユザクラ（冬桜）の一群があります。サクラは「春を告げて咲く花」として疑う余地はないだけに、秋に咲く品種の存在はやはり謎めいて写ります。

他にも同じく秋に咲くサクラ品種にシキザクラ、ジュウガツザクラ、コブクザクラなどがあります。いずれも秋の一〇月からやや小振りで一重や八重の白い花もしくは紅色の花芽の一部を秋に咲かせ、残りの芽は春にも咲くという習性を共有する秋咲きの品種です。

東京から関越自動車道を経て、児玉インターを降りて三〇分ほど走った群馬県鬼石町に桜山公園（標高五九三メートル）があり、そこでは天然記念物の秋咲きの桜が人気を呼んでいます。

冬桜二題
上：ジュウガツザクラ
下：フユザクラ

明治四一年（一九〇八）、当時の村長飯塚志賀は、村民の親睦とレクリエーションの場となるよう春にはサクラ、秋にはカエデと二つの樹種を植えました。ところが春に咲くはずのサクラが毎年秋に咲く珍現象が生じました。そこで植物学の権威、三好学博士に鑑定を依頼したところ、これはサクラの珍種の「冬桜」であるとして、学会にも報告し、一九三七年（昭和一二年四月）天然記念物に指定されました。

これらの開花現象については、これまで単に狂い咲きとか、休眠を打破し開花を促すのに必要とする低温要求度の違い、ホルモンや栄養代謝の変化、さらには交雑を繰り返して生じた開花システムの変化などの異説があります。

しかし、これらの秋咲きは、はたして「狂い咲き」の類なのでしょうか？　そんな単純な理由ではなく、もっとサクラという種の進化の基本に立ち返って考えてみる必要があるのでは、とわたしは感じていました。

五　熱海のヒマラヤザクラ

サクラの秋咲き品種にこだわっていた頃、ネパール地方には、秋咲き性の自然の野生種ヒマラヤザクラ（*Prunus cerasoides*）があることを知りました。標高一四〇〇メートルのカトマンドゥ付近では秋咲きのヒマラヤザクラが分布し、さらに高所の標高二八〇〇メートルの寒冷地ではすでに日本のサクラのように春咲きに変身したヒマラヤヒザクラとヒマラヤタカネザクラの二種が発見されています。

ところが、そのサクラが意外にも身近なところに存在していたのです。熱海市に植えられているヒマラヤザクラです。

そのサクラは、同市街地から伊東よりの下多賀の静岡県立高校のグラウンド下、網代の海を見渡すことのできる小高い傾斜地に、ヒマラヤザクラの三個体が生育していました。その

熱海のヒマラヤザクラ（11月下旬に開花）

樹齢は二六年だといわれ、最も大きい一個体は樹高一五メートル、幹の直径六〇センチの見上げるほどの大木で、毎年一一月下旬には樹冠いっぱいにオオヤマザクラに似たピンクの美しい花を咲かせるのです。その見事な樹姿ぶりには、わたしも感動しました。
このヒマラヤザクラの由来は、現在のネパール国のビレンドラ国

王が皇太子時代、東京大学に留学され、その際（一九六四）、伊東市や熱海市に梅林やサクラを見学されたことにさかのぼります。そこで皇太子は「わたしの国にも美しいサクラがあります」と言われ、帰国後の六八年、時の在ネパール大使を介して熱海市へ九〇〇〇粒のヒマラヤザクラのタネが届きました。市では同年七月に市営苗畑にまきつけて大切に育てた結果、六年生時の七三年には開花し、六〇個体の苗木を得ました。その平均樹高は五メートル、根元直径一〇センチでこれらの苗木は熱海市の近郊や海岸に試植されました。

その活着や成長状況から、熱海市周辺の路地におけるヒマラヤザクラの好む生育条件は、海抜一〇〇メートル以下で四方が山に囲まれて寒風を避ける場所、最低気温はマイナス二〜三度Cを下らないところ。また、最高気温は三三度Cで海岸から五〇〇メートルほどの奥地がよいと結論されました。こうして、熱海のヒマラヤザクラは日本の風土に耐えて生き残ったという訳です。後日、熱海市は、そのお礼として日本のサクラや梅のタネをネパールに贈ったといいます。

当初、ヒマラヤザクラは日本でも秋に咲くのかという懸念もありました。しかし、毎年一一月の下旬には花を咲かせて秋咲き性のサクラであることを鼓舞し、証明してくれました。

わたしは市役所の許可を得て日本のサクラとヒマラヤザクラとの交雑実験やその増殖など

を始めました。夜討ち朝駆けで熱海のヒマラヤザクラ通いです。その結果、ヒマラヤザクラには次のような興味深い発見がありました。

①風に弱く、枝が裂けてよく折れる。
②樹皮が薄いためか、コスカシバ（せん孔虫）の虫害にかかりやすい。
③冬の寒さと夏の高温に弱い。
④日本の小鳥は、日本のサクラと同期に熟するヒマラヤザクラの果実を食べようとしない。
⑤花からポタポタと多くの蜜を出す。
⑥開花後も不思議に花びらが散らない。

これらの性質を熱海のヒマラヤザクラで知らされるうちに、このサクラの育っているネパール、ブータン地方の気候環境を想像したものです。つまり、このヒマラヤザクラの原産地は、おそらく寒暖の差の少ない常夏の国で、強い風もあまり吹かない環境ではないのかと、サクラはわたしに無言のメッセージを伝えているかのようでした。

六　ヒマラヤザクラと日本のサクラの近縁度

ヒマラヤザクラと日本のサクラには、これまでに述べたように前者が秋咲き、後者は春咲きで、その生き様や性質には大きな違いがあるようです。この解明のため一九八六年より熱海市の観光施設課を訪れこの貴重なサクラを研究材料として、両種間の類縁関係を明らかにしたい。ひいてはネパール国との親善にもつながるはず、と研究協力の依頼をしました。

まず、本種の遺伝的特性、つまり真性な種であるか雑種性であるか？　日本のサクラとの類縁関係は？　などを知るため、開花の約一ヶ月前に始まる母細胞や花粉を作るための減数分裂の染色体の観察を行いました。この実験は良いチャンスを摑むのが難しく辛抱が必要です。その結果、細胞分裂の第一分裂には、八個の二価染色体（両親からきた染色体）が固く結合しており、本種の染色体数は日本のサクラと同数であり、細胞学的にも安定した日本のヤマザクラやエドヒガンなどと同じく、自然の中で生じた種（野生種）の一つであると判断されました。

つぎは、日本のサクラとの交雑実験です。ヤマザクラ、エドヒガン、オオシマザクラなど月の花粉をその年に採集して、シリカゲルで乾燥、五度Cの冷蔵庫で貯蔵しておき、秋一一月下旬のヒマラヤザクラの開花を待っての交雑実験です。前夜半から現場で車中泊、早朝六時半、太陽が海を赤く染める頃、小鳥達が花に群がり、そのさえずりを合図に筆の先に花粉を着けて一つ一つの花への受粉作業です。ちなみに小鳥達の群がる時間帯が最も受精率が高いのです。朝の冷気の中で一人孤独感に襲われながら「うまく実を結んでくれよと」願ったものです。ついでながら、このヒマラヤザクラの花の蜜の多いのには驚きました。上の花に向っての受粉作業中、頬やメガネにぽとぽとと落ちてくるのは、朝露ではなく甘い蜜でした。日本のサクラの花の下ではこのような経験はありません。

受粉後の花はそれぞれ実を結び、冬の寒さ中でも生長して五月の結実調査では、受粉した花の数に対する結実率は三〇~五〇%と良好でした。この結果は、ヒマラヤザクラと日本のサクラとの間にはなんら生殖隔離はなく、きわめて近縁であることを示唆するものでした。ちなみにヒマラヤザクラの果実の大きさはヤマザクラのものより二倍ほどの大きさです。

七　冬に休眠する日本のサクラ

赤道に近い熱帯降雨林の樹木の生活を見ていると、乾期と雨期に反応して落葉、開花、成長を繰り返しています。そこには一種の休眠現象が観察されます。それも一本の木の枝ごとにまた、個体ごとにまちまちです。熱帯降雨林という環境の中で生育している樹種からは時折、貴重なヒントを読みとることがあります。

熱海のヒマラヤザクラの落葉期は、日本のサクラとほぼ同じ一〇月下旬です。ところがヒマラヤザクラは落葉した直後、花芽は膨らみ始めて（減数分裂の開始）開花し、一一月下旬には満開ととなり、いわゆる秋咲きの性質を示します。葉芽も展開し冬期に成葉化して常緑樹状態を示します。当然、果実も発達していきます。

つまりヒマラヤザクラは冬期を迎えても休眠しないか、非常に浅い休眠状態で、日本に移植されても春咲きにはならず、秋咲きとしての体内時計は正確に働き続けているというわけです。

一方、日本のサクラは一〇月に落葉して、そのまま冬期は深い眠りに入ります。そして、春の気温上昇を待ちます。ただし、秋台風などで葉がちぎれると、休眠打破という反応が生じて、秋期にも開花することがあります。これが一般に云う「狂い咲き」という現象です。

この休眠の違いを知るため、生活史の異なる日本のサクラを台木にヒマラヤザクラを穂木としてつぎ木実験をおこないました。まず、ヒマラヤザクラの穂木を秋に採取して五度Cの冷蔵庫内で低温状態に保ちます。すると穂木の芽は活発に動き始め休眠の浅いことを示します。これに対して日本のサクラは、同じ条件下では芽の動きはなく、深い眠りの中にありました。

つまり、秋咲きと春咲きという性質の違いは、この休眠の深さが関与しているものと解釈されます。

また、秋に日本のサクラを台木に、ヒマラヤザクラを穂木としてつぎ木を行うと両種は比較的よく癒合・活着します。しかし、冬期になれば台木の方は当然のように休眠に入ります。すると穂木のヒマラヤザクラは、台木の休眠によって活動を止めざるを得ない状態となって成長を停止します。翌春になって気温も上がり台木が活動期に入ると、穂木は水を得て急速に伸長を開始し、三センチ足らずの穂木がその秋には六〇センチまでに伸長しました。

これらの実験は、ヒマラヤザクラと日本のサクラのつぎ木親和性が高く、ここでも両種は遺伝的には近縁であること、同時にヒマラヤザクラは冬期にも休眠せず、日本のサクラは休眠するという生活史の違いを実証したものと考えられます。

八　ヒマラヤザクラとは

ヒマラヤザクラが日本で知られるようになったのは比較的古く、明治四〇年（一九〇七）サクラ研究の権威、三好学博士によって始めて紹介されました。唯一の秋咲き性の野生種であり、日本のサクラを除いては世界に類のない美しいサクラだと述べ、とくに秋咲きで美しいサクラだと強調されています。原寛（一九七四）によれば、ヒマラヤザクラの分布は、ヒマラヤ全域の標高一五〇〇～二二〇〇メートルの山地および東はカシア山地、ビルマ北部から中国の雲南省にいたる範囲であると述べ、また台湾、福建、広東に分布するカンヒザクラと同じグループに属するという考えを述べています。その後、最近では川崎哲也（一九八〇）によってサクラ亜属に関する分類・分布に関する研究が進められています。

また、ヒマラヤザクラの特性については熱海での生育からみられるように、樹齢二〇年で樹高一五メートルに達するものがあります。これに対して文献では、「ネパール地方におけるサクラの樹高は、一〇メートル前後の高木」と記されています。ネパール地方では、サクラを薪にするため、あまり高木とならないようです。葉形は長楕円形で、長さ五～一七センチ、幅は五センチ。日本のサクラより大きく、桃の葉に似た印象を与えます。葉にははっきりした鋸歯があり、ほとんど無毛です。秋に一時落葉した後、直ちに開花し、葉も展開して冬期でも発達し成葉となります。葉の基部には二個の蜜腺が発達していて蜜が浸出することもあります。暖かい所では葉は越冬することもあります。花の形は五弁で花筒が長く淡紅色です。まれに白色の個体もあります。雌しべは一本、雄しべは三〇本程度が数えられます。また花びらは開花後も全く散らないでドライフラワー状態になります。花には多くの蜜があることもヒマラヤザクラの特徴と言えます。また、染色体数は日本のサクラと同数で、体細胞で一六個。花粉母細胞の減数分裂にみられる染色体の行動から判断すると本種はきわめて安定した野生種であると云えます。

最近、わたしは広島県の因島のある研究会社にヒマラヤザクラを紹介し、試植したところ、冬期でも順調に生育することがわかりました。瀬戸内での海洋性の気候は、島の環境を緩和し産地に近い風土なのかも知れません。ここでのヒマラヤザクラの実生苗は生育も良好で数年で開花するものもあり、毎年一一月下旬には、春に先がけての花見ができるようになりました。このことから関西以西の暖地での普及は可能だと思われています。ただし、関東以北では、冬期に寒さに遭うと葉がわい性化し、その生育は困難と思われます。

九　仮説・秋に咲くサクラの品種は先祖返りか

ネパール地方には、秋咲き性の美しい野生のヒマラヤザクラが存在します。それが偶然にも熱海市で育てられており、その秋咲きの特性をみるにつけ、わたしの職業意識は「サクラという樹木は本来、秋に咲いていたのではないか」、「日本のサクラは日本の季節に合わせて春咲きになったのでは……？」などの疑問が生じ、同時にその謎から避けて通れない自分の宿命を感じました。

それ以来、ネパールから贈られたと云う熱海のヒマラヤザクラに日参し、やはり秋咲きであることの確信とその他の興味ある数々の特性に惹かれつつ、逆転の発想というか、全く異なる日本のサクラの素顔が見えてきました。つまり、サクラは日本固有という概念から少しづつ遠のく自分を感じました。それに至るサクラの進化の道のりを「サクラの来た道」として、今もなおこだわり続けているところです。

「その種は日本のサクラの基本種とも思われるサクラではないか？」」。その瞬間、「秋に咲く珍しい日本のサクラの品種」の意味はこれだと直感しました。つまり遺伝学でいう先祖返り（atavism）という現象を連想したからです。この現象は、ある個体またはその枝先に先祖本来の形質が偶然に再現される現象を云います。たとえば樹木の丸みを帯びた葉のビャクシンによく見かける針葉化現象、人類では一対の乳房のほかに複数の乳房が現れたり尾が生じたりすることなど多くの事例が知られています。

日本のサクラは間違いなく春に咲くものです。しかし、遠い昔、秋に咲いていた先祖の性質が花の時期を間違えたかのように、突然ある枝の一部に、秋咲き性の遺伝子が表に現われたものと思われます。サクラはもともとネパールやブータン地方を原点として、北上進化する過程で少しずつ変化し、とくに四季の変化のはっきりした日本列島では、いろいろなサクラに分化した。つまり秋に咲く性質を「休眠」と云う性質に変えて、適応し生きのびて来たものと考えられます。

偶然、先祖返りをおこし秋に咲くサクラの枝変りを、めざとい育種家（古人）は、これをつぎ木で増やすなどして今日に伝えたものと考えられます。

このような秋に咲くサクラの謎（仮説）を実証することが、今後の重要な課題であると意識しました。

一〇　ネパールのサクラ三種

気候穏やかなヒマラヤザクラの原産地と違い、サクラは進化の過程で春夏秋冬と季節変化の厳しい日本列島の環境に適応するために、冬期を休眠という形で乗り切る遺伝的性質を獲得する必要があったと思われます。休眠は一種の生存戦略であり、その形質を得たからこそサクラが日本の春に、美しい花を咲かせるようになったと考えるのが妥当でしょう。

日本のサクラにみられる秋咲き性の品種は、自分の祖先が本来、秋咲きであった事を教えてくれる生き証人とも云えます。云い換えれば開花期が秋か春かを決めている因子は、その樹種のもつ休眠の深さに関係しているように思えるからです。

ネパール地方には、ヒマラヤザクラ（*Prunus cerasoides*）のほかに、ヒマラヤヒザクラ（*P. carmesina*）、ヒマラヤタカネザクラ（*P. rufa*）という二つのサクラが知られています。これらはいずれも秋ではなく、春に花が咲くサクラです。なぜ秋ではなく春なのか、その秘密は秋咲きのヒマラヤザクラの生息地より、もっと高い標高の二八〇〇〇メートルという寒さの厳しいヒマラヤ山麓に生息しているためです。

春咲き性となるには、高地の寒い冬を乗り切るため「休眠」を獲得した結果です。同じネパール地方にも生息する春咲き性のサクラ二種の存在は、日本のサクラがなぜ春に咲くのかという問いに、明快な答えをだしてくれるかのようです。

二　弧を描くサクラの分布

広葉樹の起源は、現在の赤道と古赤道とオーバーラップするアッサムやネパール地方だという考えがあります。フタバガキ（ラワン材で有名）の樹種の進化について云えば、やはりインド、アッサム、ネパール地方には、ショレア・ロブスタ（*Shorea robsuta*）の一種があり、そこから他方のマレー半島、フイリピン、ボルネオ島と、一方ではアフリカへの分布の足跡がみられます。これらはいずれも暑い熱帯への進化の道を示す樹種の例です。

サクラの種類でその分布を見ると、秋咲きのヒマラヤザクラ一種と春咲きのヒマラヤヒザクラおよびヒマラヤタカネザクラ二種が、ネパール地方からブータン、ミヤンマーの奥地そして中国の雲南地方に伸びています。

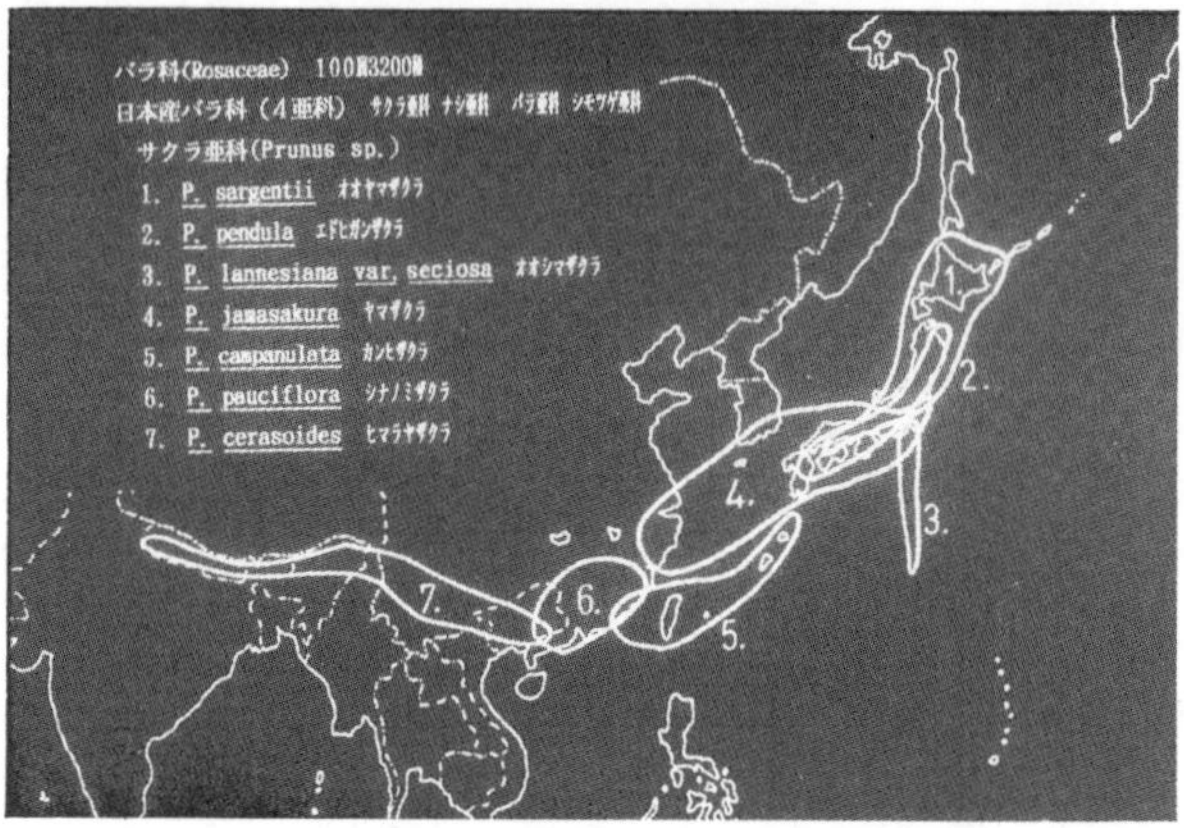

ネパールから中国、日本へと弧を描くサクラの分布

そして、台湾、沖縄および中国の東シナ海沿岸には、カンヒザクラ（*P. campanulata*）が、中国本土にはシナミザクラ系（*P. pauciflora*）の種が分布し、さらに韓国、日本列島にはヤマザクラ（*P. jamazakura*）やエドヒガン（*P. peudula*）が分布し、日本海沿岸の韓国、ウラジオストクおよび北海道、サハリンにはオオヤマザクラ（*P. sargentii*）と、その分布は、ネパール地方から日本列島の北海道まで、まるで弧を描くように分布の帯がみられ、そこから長い歴史の中に生じたサクラの適応や進化の様子がうかがわれます。

さきのフタバガキ科の分布は、熱帯地方で種の分化が生じたのに対し、サクラは寒さには比較的強いが乾燥と夏の暑さを嫌いながら分布を広げてきた樹種のようです。

また、台湾、沖縄地方に分布するカンヒザクラは、分類学者によってはヒマラヤザクラの変種として取り扱っていますが、秋咲きと春咲きの性質の違いなどあり、その点ですでにネパール地方で春咲きを示すヒマラヤヒザクラの方が花の形態の類似性からも関連があるように思われます。今後はこれらも含めて種間の類縁関係を明らかにする研究も必要だと感じています。

二　ヒマラヤザクラの故郷ネパールへ

サクラ保存林の中で三〇〇の品種に出逢い、その中の冬桜、十月桜、四季桜などが、「どうして秋に咲くのか」という謎に挑戦する時、数千万年前の地殻の変動による日本列島の誕生、一方では八〇〇〇メートル級のヒマラヤ山脈の造山の歴史に思いをめぐらせます。また、植物について云えば、ヒマラヤ地方と日本の植物の類似性は、私のこれまでに関わったフタバガキ、カキノキ、ハンノキ、カシワ、ミズナラ、サザンカなどすべてがヒマラヤ起源の様相を呈しているからです。

秋に咲くヒマラヤザクラの存在が、日本の秋咲き品種の謎を解くヒントとなりますが、ネパール国王から贈られた熱海のヒマラヤザクラは、偶然、身近にあり最適な研究材料でした。そしてヒマラヤザクラ三個体は、日本の風土で毎年秋の一一月下旬に花を咲かせ、今も遠いネパールの故郷を偲んでいるかのようです。

このヒマラヤザクラは、休眠をしない性質、花びらの散らない性質、風に弱い性質、蜜の多い性質など、日本のサクラの形質との違いをいろいろと教えてくれました。

こうした過程のなかで、日本のサクラのルーツとも考えられるヒマラヤザクラの生態をこの目で確かめたいと思うのは自然の成り行きです。はやる心を抑えながらネパールへの旅を企画したのは一九八九年一〇月、多摩森林科学園赴任後四年目の秋でした。

［参考文献］

静岡県さくらの会・「桜」（一九七六年）
本田正次・林　弥栄著：日本のサクラ（誠文堂新光社、一九七四年）
染郷正孝・サクラとコナラの物語（一）サクラ編（林木育種協会、一九九〇年）
Oleg Polunin & Adam Stainton : Flowers of the Himalaya, Oxford（一九八七年）

二章　ヒマラヤザクラを求めネパールへ

一　ヒマラヤザクラを求めてネパールへ

熱海市下多賀の熱海高校の下には、ネパール産のヒマラヤザクラが熱海市役所の手厚い管理の下で育られています。これを実験材料として日本のサクラ（ヤマザクラ、オオシマザクラ、エドヒガンなど）との交雑実験を計画しているとき、このサクラに深い関心を持ち続けていた熱海市の職員北島厚之さん（東京農業大学卒）との出会いがありました。二人でサクラ談義をしていると、ヒマラヤザクラと日本のサクラの性質には、興味ある幾つかの違いがあることを確認し合いました。

まず、ヒマラヤザクラの開花期は、産地のネパールと同じで、毎年秋の一一月下旬にはピンク色の花を咲かせ、遠目には日本のサクラそっくりです。そのため秋に咲いていることを表現するには、ススキを前景にして写真を撮るなどの工夫が必要となります。

また花の形状は、日本のサクラに比べ見るからにきゃしゃで、しかもその花弁は散ることを全く知らないのです。早朝など木の下に立つと花から多量の蜜がポタポタと落ちて、朝露と間違えるほどです。冬の間も樹冠一杯に緑の葉をつけ、翌年の五月下旬には、日本のヤマザクラと同時期にそれの二倍ほどの大きさの果実が黒紫色に熟します。意外なことに日本の小鳥は、隣の日本のヤマザクラの実に集まり、ヒマラヤザクラのサクランボには全く食欲を示さないのです。また、生育条件としては、冬の寒さは苦手であるのに、夏の暑さに弱く、さらに風にも弱くて台風に遭うと枝が裂けるように折れやすいことなどの興味ある知見を得ました。

こうしてネパール国王から贈られたヒマラヤザクラの特性などを調べているうちに、このサクラを故郷とするネパール地方の気候風土は、おそらくあまり強い風も吹かず、また冬と夏の気温差も少ない比較的穏やかな生育環境ではないかと想像しながらネパールへの旅立ちとなりました。

二　ネパールの首都カトマンドウ

ヒマラヤザクラの故郷（原産地）でもあるネパールで、そのサクラの特性や生態をぜひ自分の目で確かめたい衝動に駆られている頃、サクラの研究家である川崎哲也氏の勧めもあって昭和六二年（一九八七年）一一月、二ヵ月の予定で単身、ネパールへ第一回目の調査の旅に出かけました。

めざすベースキャンプ地は、ネパール王国の首都カトマンドウ。当時は日本からの直行便がなく、成田国際空港からタイのバンコック経由の二日行程です。バンコックでは、空港近くのホテルで一夜を明かし、翌朝の便でネパール国のトリブヴバン国際空港をめざします。やがて到着を告げる機内アナウンスが流れ、機が左右に揺れるとその窓に万年雪をいただくヒマラヤの山並みが映り、瞬間「ヒマラヤだ！　ついにやって来た！」と迫り来る雄大な景観に手に汗し、胸をおどらせたものです。

調査の拠点となるホテルは、市内の西はずれにありました。旅装をとき、さっそく町を歩いてみると店頭に肉をそぎとった牛の頭を飾った肉屋、入れ歯を並べた歯医者さん、多彩な野菜や果物を路上に並べた露天で商いをする人達。バザール広場には、商品のジュータンやセーターを高々とつるした店。道の辻々には祠があり、そして古い寺院や建築物、その軒先には、沙羅双樹で知られたフタバガキ（*Shorea robsta*）（この樹種もネパール原産で、一九七七年マレーシアでこの研究をした。）らしい材に巧みに王子と王女の像が彫刻されているのが目を引きます。この国が今から三〇〇年いや一〇〇〇年の昔、インドと中国を結ぶ文化と経済の要衝として、また、敬虔な仏教信仰の深さとともに繁栄していた時代が偲ばれ、「わが国への仏教や文化の伝来のルーツもサクラもまた同じではないのか」という感慨が湧いてきます。

ホテルはネパールのご主人と国際結婚をした日本人のひろ子さんが経営していて、その適切な世話振りは定評があります。とくにわたし達日本人の旅行者や研究者にとっては、何かと有り難いことでした。他にドイツ、フランス、スイスなど各国の登山家達の拠点でもあるらしく、早朝、ドイツ人らしい一隊が、いずれの峰へ登頂するのか、その装備を点検している光景を見かけました。

ホテルの食堂では、登山家夫妻やヤクの研究に来ている帯広畜産大学の先生、、東京農業大学畜産学科で家畜の起源をさぐっている田中一栄先生達との出会いがあり、「動物も植物もそのルーツは同じですネ……」と研究の共通性や進化論に共感しながら愉しいひとときを過ごしたものです。その数年後わたしは東京農業大学で教鞭をとることになりましたが、ある日、学内でお互いに「どこかで会ったようですネ」といった雰囲気でさきの田中先生と再会する運命が待っていました。

三　カカニの丘のヒマラヤザクラ

ホテルの部屋が決まり旅装をといて一夜が明け、早朝の屋上へ駈け上がるとカトマンドウの町並みが盆地特有の深い朝霧の中に屋根だけを浮かべていました。太陽が登りはじめると、街を囲こむような山並みが浮かんで見え、「あのあたりがヒマラヤザクラの自生地だろうか?」と未知へのサクラの遭遇を前にして、いささか興奮したわたしでした。調査の目的は、多くのヒマラヤザクラの個体について花の形や色の個体変異を知ることや、風の影響(セレクション)で発現したシダレ形質が、このヒマラヤザクラの個体集団に存在するか否かなどの確認です。そのためには、あの山の峰々をくまなく歩き廻らねばとかたく決意したものです。

それらの山の向こうには、万年雪をいただく七~八〇〇〇メートル級のヒマラヤの山脈が神々しいまでに赤い朝日に輝いていました。

今日は初めて調査に出発する朝です。日程の前半一ヵ月は、乏しい懐具合（旅費）に合わせてタクシーの利用（一般の人はタクシーを利用する）はやめ、安価で小回りの利くモーターバイクを借りての調査です。一一月一八日、サクラの開花を待ってホテルから二二キロの距離、標高二〇七三メートルのカカニの丘に向っての出発です。ホンダ二五〇ccのエンジン音はまずまず快調でした。

道々の途中では、現地の人達に「カカニ、カカニ？」はと道をたずねると「あっちだ……」とその方向を指し教えてくれました。街はずれからは一本道となり、曲がりくねった凸凹道をクラッチを切り替えながら登ること約一時間、道々には、急峻な山腹を耕して作られた文字通り「耕して天に至る」棚田が山の頂きから谷底まで続いていたり、どこか日本の素朴な茅葺きに似た民家を眺めたり、時には農家の人たちと挨拶を交わしたり、また牛の群に道を阻まれそれをかわしながら頂上へと急いでいると、一本のヒマラヤザクラがわたしを迎えてくれました。

ネパールで初めて会ったヒマラヤザクラです。バイクのエンジンを切り、その紅色の美しいヒマラヤザクラの個体に向かって、幾度となくカメラのシャッターを切りました。まさに樹形や花つきは、熱海で見たヒマラヤザクラそのものです。日本のオオヤマザクラにも似ていて、ふと群馬県の榛名山のサクラを偲んでいました。

坂道を登りつめ、その峠のあたりには日本の農家を想わせる十軒ほどの小さな部落があり、その周辺には、高さ約一〇メートルほどのヒマラヤザクラ数本、よく見渡すとあちらにも……。「日本のサクラと良く似てるなー」と独り言をもらし眺めていると、その点在するサクラの木々の枝は人が手を伸ばしたあたりまでもぎとられた痕があり、その傷痕から多くの萌芽枝が発生しているのです。それは灯油燃料を使うことの出来ないネパールの農家の事情では、サクラの枝が燃料としての生活必需品だからでした。この光景は、サクラを愛でる余裕もなかった日本の戦後の苦しい一時期を思い出しました。

部落から坂道を約二キロほど登ると、そこは目的のカカニの丘です。前方には深い谷、これは造山に先だって出来たという先行河川であろう。その向こうには白く輝くヒマラヤの雄大な山並みが手に取るように見えました。

あれは確かアンナプルナの雄姿であろう。それは飽きることのない大自然のパノラマでした。丘の反対側の南下には、ここあそこに花を咲かせたヒマラヤザクラの個体集団がその存在を誇示していました。その梢の間からは遠くカトマンドウの市街地が一望されました。バイクを駆ってよくこの頂上まで来たものだと、勇気ある自分を鼓舞するかのように、ネパールの空に向かって大きく深呼吸しました。

頂上付近の道路脇に調査木として手頃なヒマラヤザクラを発見、バイクを降りてリュックからピンセット、薬包紙、ラベル、筆記具、せん定鋏などの調査用具を出す手ももどかしく、これがネパールでのサクラの研究の初仕事だと心がおどりました。木によっては花の形や色にも変化があり、一〇個体ほどの花の形態変異を調べ、それぞれの花粉を薬包紙に包み、日本へ持ち帰ることにしました。

「これで良しと……」ネパールでの初仕事として、サクラのルーツにかかわる証拠をつかんだ満足感に浸っていると、いつの間にやら近く民家の子供らがわたしを遠巻きにしていました。ポケットをさぐり数粒のキャンデーを手渡すと、その後ろの方には赤子を腰にした母親も立っていました。そのときの親近感からネパールの家族の写真を撮らせてもらいました（次回のネパール訪問にその母親を捜し出し記念写真を渡すことになります。）

カカニの丘は、カトマンドウの街の西の方向にあたり「夕日のカカニ」と呼ばれているところです。頂上には一軒のホテルがあり、庭先に形の良い一本のヒマラヤザクラがありました。落日は、大きくて真っ赤になってそのサクラを一層鮮やかに際だたせてくれました。落日を追いながらカメラのシャッターを幾度か切ると、もうあたり一面は真っ暗、急にバイクで帰る道のりがとても不安になりました。馴れない悪路をバイクで下るのは肩に力が入り「往きはよいよい、帰りは怖い」のたとえで、ハンドルを握る手には力が入るやらで、心身共に疲れてしまいました。

ようやくたどり着いた町中は暗く、ホテルにたどり着くのにもやっとの思いでした。夕食を済ませ、地図を見ながら、次の目的地である標高二〇〇〇メートルのナガルコットの丘の位置を確かめているうち、明日も続くバイクの旅にいささか心細さを隠し切れなくなる小さな勇者の姿がそこにありました。

四　ネパールのＪＩＣＡ事務所

今回の調査は単身でもあり、ＪＩＣＡ（国際協力事業団）のネパール事務所に自分の所在を明らかにしておこうと電話をしました。いきなり相手から「日本からサクラの調査団が来ているとの情報が入っていますが、連絡がないので心配していたところです……」との返事に、わたしは恐縮して小声で「実は一人ですから調査員です。……でも二本の足ですから……調査団でしょうか？」とへたな冗談を云いました。

「では、すぐそちらの方へ向います……。」ほどなくＪＩＣＡの車がホテルに横づけされ、車から降り立ったのは永友政敏副所長でした。

その翌日の国際協力事業団（ＪＩＣＡ）ネパール事務所や関係官庁を訪問するため永友副所長の車が早朝、わたしを迎えに来てくれました。車中、気さくな永友氏の会話にリラックスしたわたしはＪＩＣＡ事務所へ出向くと、すかさず「バイクでの調査は大変でしょう。明日からはＪＩＣＡ長期専門家山崎さんの車を使いなさい。」との配慮で、同専門家が紹介されました。確かに自費の旅行であっても国家公務員（国立林業試験場）の身であれば、外地で事故などを起こせば、一個人の問題では済まされないことをいまさらのごとく痛感しました。

サクラの調査は、山崎専門官とそのお抱え運転手付きの車を借用することとになり、サクラの調査はさらに順調な滑り出しとなりました。

五　記念植樹のサポーター

ＪＩＣＡ事務所で永友さんと懇談中、「サクラの専門家としてのお願いですが……」と切り出された用件は、「トリブバン大学教育病院（日本の資金援助で運営）の中庭に秩父宮妃殿下お手植えのサクラがあるのですが、その生長が思わしくないので診て欲しい……」との依頼でした。

病院には医学関係の日本人専門家が駐在しておられ、早速、ネパール側の人達と一緒に中庭に植えられた一本のサクラを観察しました。それはヤエザクラと記されており、すでに秋の落葉後で高さは一メートルに満たない一本の苗木が風通しの悪そうな中庭に孤独な風情で立っていました。根元には接ぎ木の痕があり、強い日差しに粘土質の表土は乾き見るからに枯死寸前の様相でした。

サクラ類は、もともと豊かな森林の中で生きてきた樹木です。ある時、森林に落雷や大風などによる倒木、また山火事などで森の中に穴（ギャップ）ができると、その林の床土に陽光が射し、そこにかつて小鳥が散布しておいたサクラのタネが、この時とばかり腐葉土の中で発芽して養分をたっぷり吸収して生長し、周囲の木々に守られながら華やかな花を咲かせるというまるで貴族のような生き方をしている樹の種類です。

これに対して記念に植えられたという一本のサクラの環境は、あまりにも過酷な条件のように見受けられました。そこでわたしは、サクラを強い日差しから守るため、サポーターとなる樹種をその周辺に植えることを提案しました。その種類は郷土産であるネパールハンノキ（*Alnus neparensis*）が良いと考えました。ちなみにハンノキ類の樹木は、いわゆる先駆植物で根に窒素を固定する能力を有し、肥料木として禿げ山などの緑化に適する樹木です。また、ハンノキは「樹木進化の一断面」という、わたしの学位論文の対象樹種でもありました。

ついでながら日本のハンノキ類は、春に花を咲かせるのに、この地のネパールハンノキという種は、ヒマラヤザクラと同じく秋咲き性であることでした。この事実は、本書で述べるサクラの秋咲き・春咲き性についての仮説に一つの補足を得たものとしても興味のもたれる知見でした。かくして、サクラの記念樹を守るサポーターの樹種としてネパール産のハンノキの苗が選ばれました。

お手植えのサクには英文の記念碑（高さ五〇センチ、幅六〇センチ）があり、「一九八五年五月八日（金曜）、秩父宮妃殿下はネパール国王と政府の招きにより、ネパールを訪問された。その際、トリブバン大学院教育センター設立における協力とその成功を願って日本のヤエザクラを記念植樹された」と記してありました。さてその後のサクラの生育などの首尾はというと、ハンノキの生育が良すぎてサクラが負けそうな状態で、環境を良くするための努力も常に管理をおこたるとうまくいかないようで、今もそのことは気なっているところです。

六　再びネパールへ

平成二年、わたしは森林総合研究所多摩森林科学園のサクラ保存林で過ごした五年間を含めて四〇年の研究生活を終え、同時に日立造船系で農林水産省の生研機構（詳しくは生物系特定産業研究技術機構）で立ち上げた研究所の研究顧問となり、秋咲き性や蜜源などの特性を生かした産業化や普及などを提案して平成三年（一九九一年）一一月一一日、二度目のネパールを訪問しました。翌一二日、ＪＩＣＡのネパール事務所の永友副所長と再会し、今回の調査の目的は、「日本の風土に適するヒマラヤザクラの個体の選抜」であることの概要を説明すると、書棚から初回（一九八九年）の調査の際に残したわたしの報告書を取り出して、「このあなたのサクラの報告書は、来客のある度に宣伝していますヨ」と、サクラの仮説「サクラの来た道」の研究を今後も支援することを約束してくれました。そして、「サクラは昔々、このネパールを経て日本に渡って行ったという話には興味があります」。話題は続いて「実はカトマンドウの西の約二〇〇キロの所にはポカラという町があり、そこは美しい湖とヒマラヤ山脈のアンナプルナの山並みがすぐ近くに見える風光明媚であること」、「そこの湖畔にサクラを植えるとすばらしい景観になると思いますが」という話題を含めて、今後ネパールでサクラの研究を進めるためにとバイオナーセリー研究所長Dr.シュレスター氏、コージネーターとしては聡明な日本通のアミラ・ダリ女史を紹介をしてくれました。さらにゴダワリ王立植物園の研究者の皆さんを紹介してくれました。

（JICAの永友副所長は、わたしのサクラの研究に深い関心を示され、ネパールでの協力者の紹介や多くの便宜などを頂きました。しかしその翌年の一九九二年七月三一日のタイ航空機墜落事故により奥様、お子さまとともにカカニの丘の前方の山腹で死亡されました。氏のネパールにおけるサクラ研究へのご配慮に感謝し、ご冥福をお祈りします。）

七　ナガルコットの丘

一九九八年一一月一六日、ナガルコットの丘のサクラも開花が始まっているとの現地の情報が入りました。ホテルを出ようとすると「わたしも行く……」とロビーで宝石商を営んでいるシュレスターさん（ネパールにはこの姓が多い）が仕事を投げ出して飛び出してきました。サクラのことなら任せなさいというのです。途中「ここで朝食をしましょう」と娘さんの作るインド料理のナンに似た薄いパンを味わうなどして、古都の見学でネパールの繁栄の歴史を勉強したり、彼の親しい友人の農家に立ち寄りお茶を頂いたりで、地の利を得た名ガイドによって、サクラの調査もきわめて効率的でかつ楽しいドライブとなりました。

ナガルコットの丘へ通ずる道すがら、転々とヒマラヤザクラが赤い花を枝一杯につけてわたし達を迎えてくれました。白い雪を頂くヒマラヤの山並みを背景に、茅葺きの農家とサクラとのコンポジションは、なぜか日本の信州あたりの春の風景にそっくりでした。

カカニの丘が首都カトマンドウから西の方角とすれば、ナガルコットは東の方向にあたり、カトマンドウの街からで道路距離で約三五キロメートルのところです。夕日が美しいカカニの丘に対し、このナガルコットは朝日の景観がすばらしい観光地となっています。頂上にあるレストランでのサンドイッチの昼食は、エベレストの霊峰を眺め、澄み切った空気の中ではその美味しさをさらに引き立ててくれました。案内のシュレスターさんを食事に誘ったのですが、ネパールの人は二食主義で昼食はとらないとのことでした。

ヒマラヤザクラの個体は、道々の民家の周辺や山腹のいたるところに多数点在していました。これらはサクラの繁殖特性の一つで、小鳥達が果実をついばんでは、お腹で果肉だけを消化し、残ったタネだけ広い範囲にバラ播いてくれたのでしょう。それが生育環境の良い民

ドリケルの古都と桜

家の周辺で発芽し、いつの間にか一〇メートル前後の成木となったと考えられます。こうしてヒマラヤザクラのカカニの丘（標高二〇七三メートル）をはじめナガルコット（二一〇〇メートル）、ドリケル（一五二四メートル）などの山々のサクラの開花状況、花および樹形の形態変異、花粉採取、個体の見取り図の作成などの調査は、シュレスターさんのガイドと若い運転手さんのハンドルさばきによって効率よく進んだことは言うまでもありません。

八　Dr.シュレスター

Dr.シュレスター（T. N. Shrestha）氏は、ほっそりした体軀でインド系の温厚な紳士でした。果樹の専門家で、ネパール・バイオテクニック・ナーセリー（Nepal Bio-Tech. Nursery）の所長でした。サクラにも深い関心を示し、ヒマラヤザクラの組織培養にトライしてみようと首を横に傾け（ネパールの人の同意を示す仕草）研究の意欲を示してくれました。平成五年（一九九三年）、三度目のネパール訪問の際には、空港までジープで駆けつけてくれ、サクラの試料採取にも同行するなど、惜しみない友情を示してくれました。

Dr.シュレスターは、ネパールでは著名な研究者Dr.ラジバンダリー氏の愛弟子です。Dr.ラジバンダリー氏は英国のウエールズ大学で植物生理学の学位をとり、一九七六年に帰国して、ネパールの郷土樹種の組織培養を手がけた第一人者です。後日、Dr.シュレスターはその恩師をわたしに紹介してくれました。大柄な体をネパールの民族衣装に包み、黒いロイドメガネの奥の目に意外と優しさのただようラジバンドリーさんは、ビレンドラ国王が日本に贈ったヒマラヤザクラが健在であることに関心を示し、「そのサクラは、二五年生で幹の直径六〇センチ、樹高は一六メートルです」と説明すると「ネパールにはそんな大きいサクラはないですヨ」、「薪にするからナ」とのことでした。ネパールのサクラの代表ヒマラヤザクは、日本のサクラとも決してひけをとらぬほどの美しい樹木なのに、ここでは花の観賞より燃料としての生活に欠かせない樹木であることが話題になりました。日本でも、もし石油事情などが悪化したらサクラも同じ運命になるのではと想像する一時でした。

バイオナーセリー研究所は、牛の飼料となるイチジク科の木本植物の組織培養に成功し、光順化の過程を経てクローン化された苗木が立派に実用化されていました。しかしすべての研究器具は旧式で、培養器は牛乳瓶を使っての成功です。また研究室には、万物を花で飾るヒンズーの祭りに使われる花卉のキク類やバラ、そしてバナナ、ポテトなどのクローンが牛乳瓶の中で実用の段階を待っていました。ネパールにおける研究の姿勢は、ハングリー精神の中で着々と進められていることに感銘を受けました。

わたしはネパールにおけるすべての行動についてのコーディネイトや通訳をして頂いたアミーラ（女性）さんにも感謝しなければなりません。日本で七年間、経済学を勉強された教養ある貿易会社の社長さんです。日本語のファックスやお手紙の文章は、日本人のわたしのものよりきれいな文字と優れた文章力で、返事を書くにも気後れのする始末です。ご兄弟には生物学の教授がおられ、ネパールの植物についていろいろとアドバイスを頂いたものです。

九　ヒマラヤザクラの育つ風土

ネパール地方の気候は想像していたとおりでした。その緯度は北緯二七度から三〇度、日本では奄美大島と同緯度で亜熱帯に近く、それでいて標高が一四〇〇～二〇〇〇メートルであるため、月毎の平均気温はあまり変化がなく、首都のカトマンドウでは最低が一月の一〇・四度、最高が八月の二四・三度、その年較差は一四度です。これに対し東京は一月が三・二度、最高が八月の二六・四度ですからその年較差は二八度と大幅に違いが認められます。つまり冬は東京周辺よりも暖かく、夏は逆に東京の九月頃の涼しさということになります。しかし、カトマンドウのサクラの咲く一一月頃は、日中の気温と明け方の差も大きく、早朝など働きに出る人達の吐く息が白く見えることがありました。

ネパールの気候は、亜熱帯モンスーン気候です。一年中で雨の降らない冬を中心にした気候とたくさん雨の降る夏期に分かれています。雨期の四月は日本の梅雨と秋の長雨を一緒にしたようなもので、高い山ではその雨が雪に変わるのです。

また、春先を除いては四メートル以上の強い風は吹かないと聞くにおよんでは、この地方の気候風土が植物の生育にとっていかに穏やかであるかを実感しました。ヒマラヤザクラはこの恵まれた環境の中で温室育ちのような生き方をしているサクラかもしれません。

熱海に植えられたヒマラヤザクラが、冬の寒さや夏の暑さに弱くまた風に弱いのも、これらの気候風土を反映しており、その進化の長年の過程も、まるで生まれた時のそのままの姿で生きているのがこのヒマラヤザクラの生態ではないかと思われました。

そういえば日本のサクラの花の形や樹形などは、総体的にがっちりしていて、みるからにヒマラヤから遠い日本への出稼ぎ組といった感じです。

おそらく長い年月の中でブータンやミャンマーの山奥、そして中国の雲南を経て、寒さや乾燥、そして風に対する抵抗性をつけて春咲きとなり、はては日本の北限の北海道までも住むことのできるサクラになったのでは？……と想像することになります。

一方、熱海で育ったヒマラヤザクラの開花期を数年の平均でみると一一月三〇日ですから、ネパールのヒマラヤザクラが開花してまもなく、約一週間後に開花していることになります。かつてヒマラヤザクラを日本に持ち帰った人が、ホントに秋に咲くのかという疑問をもったそうですが、熱海のヒマラヤザクラは身をもってその問いに答えています。また、気候の穏やかな風土は、ヒマラヤザクラの花の形態にも良く反映しているようです。日本のサクラに比べると五枚の花弁や蕚筒はきわめてもろくできています。つまり風や寒さに対する試練を受けないで今日まで生きてきたサクラの種であることを示しています。さらに開花後の花弁は蕚筒にしっかりとついていて幾日たっても散り落ちず、花瓶にさしておくとまるでドライフラワー状となります。ちなみに、切り枝での水揚げもよく切り花、生け花には最適の特徴をもっています。

サクラの樹形もすんなりと自然形を示し、風の影響を受けていない様子です。その意味で日本のシダレ桜は、優雅に風にそよぐ様は日本人の感性にぴったりです。これは風の抵抗を意識して獲得し発現した形質と考えられます。ではこのネパール地方のヒマラヤザクラにシダレのサクラの個体は存在するでしょうか?、その有無は花弁の散らないことと共に、今回の調査の重要なキイ・ポイントでした。

カカニ、ナガルコット、ドリケルの丘（丘と云っても標高一四〇〇〜二〇〇〇メートルの高地）周辺や農家の畑などにはサクラが自然に発生しています。そこで約一〇〇〇個体のサクラをチェックして回りましたが、枝がしだれるような形質は一個体も検出されませんでした。

研究者にとって客観的に「無い」という証拠を提出するのは、とても難しいものと痛感する瞬間です。つまり「有る」と云う証明は、一本でも発見すれば「あった!」ということになりますが、「無い」という証明には限りなくエネルギーを使うことになるのです。一〇〇本の個体を調べて「しだれは無し」としても、一〇一本目にシダレ形質の個体が出現する可能性だってあるからです。この事はサクラの研究家川崎哲也氏もネパール地方を足しげく踏査しており、同様にシダレ形質を示す個体は存在しないことを確認しています。ちなみにこの地方では風速四メートル以上の風は吹かないことを知りました。

このことから日本でみられるシダレ形質は、サクラが過酷な環境へ適応、進化する過程で獲得したいわば一つの生存戦略と考えられます。ある年、鹿児島地方を襲った台風で、サクラ園のシダレザクラは平気であったのに、正常な樹形のサクラは風によって倒されたのもその故でしょうか。

これと同様に日本のサクラは、受粉した花はなるべく早く花弁を散らすほうが、風の抵抗を少なくして落花を防ぎ、子孫を残すのに都合が良いと考えたのでしょう。

ヒマラヤザクラの咲く頃は幸いなことに、夏の雨ばかりのうっとしい天気からは解放され、無風快晴のウソのような天気の日が続くのです。春先を除いては四メートル以上の強い風の吹くことはほとんど無いと聞かされます。するとヒマラヤの山並みも青空を背景に銀色に光って望めるようになるのです。これらの気象を反映してか、ヒマラヤザクラの花の形態は、日本のサクラの野生種に比べて萼筒が大きく、五枚の花弁はきわめてもろい構造となっています。

一方、熱海に育っているヒマラヤザクラの開花期は、ネパールのものより約二週間ほど遅れた毎年一一月下旬ですが、この頃の天候はたびたび秋の嵐に見舞われています。また春先に開花する日本のサクラの満開時には、よく冷たい雨と風に見舞われ、花の形態に変化が生じても不思議ではないようです

一〇　サクラの蜜を吸うネパールのサル

ホテルの屋上からは市内を一望することができ、振り向くとすぐ近くの河を隔てた小高い所にスワヤンブナートの寺院がありました。その塔の仏の目は四方をにらんでいて、心がよこしまな人は思わず首をすくめてしまいそうな威圧感があります。

ある朝その寺の麓にヒマラヤザクラの林があるというので、早速出かけてみました。朝もやの中の河原で、一人の老婆が小石を積み上げて花を盛り、朝の祈りをしていました。日本のお盆の送り火の原形かな？　と思いながら川を渡り、四〇分ほど歩くとお寺の山のすそ野

ヒマラヤザクラの蜜を吸うサル

の道路わきに、めざすサクラの林がありました。ところがその枝はくねくねと曲がり、かなり痛んでいる様子です。「風もないのに……」と不思議に思っていると、急にざわざわと音がして、野生ザルの一団が枝を伝ってやって来たのです。すると、そのサル達は一斉に花をちぎっては口にもっていき、花を食べるのかな？　と見ているとそうではなく、チュウチュウと花の蜜を吸っています。一つの花が済んだら、また次の花といった具合です。「サルもこのサクラの蜜の多いことを知ってる……」と、サルの盗蜜行動にわたしの持論である「ヒマラヤザクラは蜜が多く、本種は蜂蜜用樹木としての産業も可能……」などの考えが、サル達のその行動からも証明されたのではないか、としばし唖然とその行動に見とれていました。ふとわれにかえって、この決定的な瞬間をカメラに収めねばと、必死にシャッターを切っていました。すると、そこへネパールのグルカ兵の小隊が通りがかり、「小隊〜止まれー」をして、今度はわたしの行動を観察しているようです。グルカ兵は闇夜でも遠目のきく精悍な顔立ちの軍隊ですから、わたしは少し心配気味になり、案内の現地の人にそのことを訪ねると「日本にはサルはいないのか？……と云ってますヨ」とのことでホッと安堵しました。ネパールのサル君達もヒマラヤザクラの花には蜜の多いことを知っており、その実証をわたしに与えてくれました。それは、大きな示唆でした。

日本では津軽半島などで、長い冬を乗り越えお腹を空かせたニホンザルがオオヤマザクラの花をむさぼるように食べる情景がありますが、ネパールのサルは花の蜜を上品に吸っているその様子は、まるで貴族のような振る舞いで両者の対比も面白いものです。ちなみにニホンザルはネパールのサルとは近縁と考えられ、もっとも北限に生息する種と考えられているようです。

「サクラの蜜」といえば、このネパールで、蜜の多いヒマラヤザクラを利用した地場産業を起こせないものかと、考えていました。日本の林業プロジェクトにも話題にしてみましたが、日本の養蜂家が使っているゴールデンイタリヤン種などのミツバチの改良種は、地蜂に攻撃されて全滅したことなどを聞かされると、なかなかうまくいかないようでした。

そして帰国の日の空港に、ネパールの一青年が息せききって飛び込んで来ました。彼は弾む息のしたから一個のインキ瓶を差し出し、つぎのことを告げるのでした。「わたしはネパールの西の田舎の出身です。故郷では、サクラの咲いている時期に地蜂の蜜を集め、これを疲れたとき、風邪をひいたときそして腹痛のときなど、これを飲むとよく効くと云うので常時携帯しているものです。その一部をプレゼントします。」インキの瓶をとおして飴色に光ったその蜜は、何よりもありがたい贈り物でした。

後日、その蜜がサクラの蜜であるか否かを確かめるため顕微鏡で観察すると、サクラ特有のおむすび状の形をした花粉が検出され、ヒマラヤザクラの蜜であることが確認されました。

しかし、その後、かの蜂蜜は、空港で見たときのあの飴色がだんだん黒く濁っていくので不思議に思って瓶の蓋を見るとパッキンに染みついたインキが溶けだしていたのでした。今もその染みた蜜をながめていると、あの時の青年の好意を再び懐かしく想い出されるのでした。

二　リングロードのヒマラヤザクラの並木

　今日はサクラの丘の調査も一休み、早朝、タメルという町のゲストハウスを軽装で出発し、市内を歩き回り通称リングロードのサクラに向かいました。ネパールでは一一月の季節は毎日が好天に恵まれ、そのため郊外の町は少しほこりっぽく、口の中がざらざらした感じになります。そのためか、ネパールの人はよく唾をペッペッとはいていました。歩道には神の使いといわれる牛が寝そべっていたり、ワンちゃんの表情ものどかです。さらに歩くと廃車同然の車を修理している店、電機部品屋、食器を売る店などが並び、ネパールの人達の堅実な生活ぶりが伝わってきます。店や民家の軒先には、日本のお祭りに使う御幣のように木の葉がつないでありました。よく見ると沙羅双樹（フタバガキの一種、一九七七年、マレーシアの研究所でこの樹種の研究をしたので良くわかる。）の葉のようでした。

　カトマンドウの市内の標高は一三〇〇メートルの高地ですが、緯度は沖縄あたりに近いため、道ばたには熱帯特有のブーゲンビリアやランタナなどが赤や黄色の美しい花を咲かせている町でした。東京の銀座通りを歩くより、不思議にホッとした気持ちの散策でした。

さらに街を空港の方向に歩くと通称リングロードと呼ばれる広い通りに突き当たります。一九七六年、中国の道路建設事業によって完成したものです。その道はカトマンドウの市街地をリニング状に大きく取り巻いていて、広い舗装道路の両脇には、二列のヒマラヤザクラの並木が延々と続いていていました。

郷土樹種である美しいサクラで道路を飾ろうというコンセプトによるものと思われました。並木は、都心の南側から北周りにカトマンドウ国際空港付近まで数キロにわたって、植えられていました。道路幅は一〇メートル、その両側に約六メートル間隔で植えられていました。生長の良いものは高さ一〇メートル。ところどころ、若いサクラの根の周りには、一メートルほどの高さに日干し煉瓦がモザイク状に丸く積み上げられています。それはサクラの稚樹を牛の行列から守るための保護とわかりました。

並木の一本、一本には、それぞれの個性がありました。一一月中旬はすでに満開のサクラの個体、つぼみの個体といった具合の咲きっぷりです。枝の角度は鋭角から鈍角のもの、ほとんどは五弁の花でしたが、花の色に至っては紅色からうすいピンクそして真っ白まで、花つきもパラパラとか、ぎっしりといった具合に多様性に富んでいるのでした。「これはほんとにサクラですか?」日本のソメイヨシノがサクラそのものだと信じている人には、と疑うようです。

帰省時の空港で、文化系の大学の先生が「あれはサクラですよネ？　どうしてあのように汚いのですか？」とわたしに問いかけました。わたしは、ちょっとためらって「あれが自然のサクラの姿ですヨ……」と答えました。接ぎ木で増やされたソメイヨシノは単一の遺伝質の木の集団（クローン群）ですから、樹形も花の形も咲き方も一斉に行われます。そのため日本のサクラの性状に見慣れた日本人には逆に、ネパールのサクラが異様で不自然な姿として映るのでしょう。

リングロードのサクラ並木は、タネから苗を育てたものであると推察されます。この一見汚いと思われるサクラ並木は、ヒマラヤザクラの個体変異を調べる上で、まったく都合のよい見本園のようなものでした。個体変異を山地で調査することになると、山越え、谷越えで調査個体数を稼ぐことになりハードな作業になるからです。このようにしてネパールにおけるサクラの調査は、平成三年一一月、（一九九一年）三度にわたって行いました。

その結果、カトマンドウを中心とするヒマラヤザクラの三年平均の開花期は、標高二〇〇〇メートル級のカカニの丘とナガルコットの丘が一一月一〇日前後で、もっとも早く、一五〇〇メートルレベルで一一月一五日、つづいてドリケルの丘のもの、もっとも遅く咲くのは一四〇〇メートルのカトマンドウのリングロードの並木で、一一月二五日でした。それら開花期の日差は、約二週間ほどでした。これらのサクラの開花は標高の高い所から始まって、低いところに向かって秋の訪れを示していました。

この理由として、サクラの開花には、その直前に一度低温を経験する必要があるようです。その点、高地のほうが有利という訳です。これは沖縄地方のカンヒザクラの開花が一月から始まり、日本で一番早い花見として話題となりますが、この地方でも高い山の方から開花が始まるのとよく類似しています。これに対して九州から始まるサクラの開花前線の北上は、一見、矛盾したように思われますが、日本列島でのサクラは、すでに低温を経験しており、暖かさを待って開花を始めるので南から北へと開花が進むわけです。

ヒマラヤザクラの花の形態は、約一〇〇個体の内、花の色が赤からピンクまで変異しており、そのうち赤い花の出現率は九八個体で、純白のものはわずか二個体という割合で観察されました。とくに白い花の咲く木の葉はグリーンが強く個性的でした。ちなみに赤い花の葉っぱの色は、日本のヤマザクラのように赤みをおびる傾向を示していました。

花粉の調査は、種の安定性や雑種性を遺伝的に判断するのに都合がよく、各地からサンプリングしたヒマラヤザクラの花粉の大きさは、平均直径〇・〇四三ミリ程度、その形状や染色体数（2n＝16）や染色体の細胞学的特性（花粉母細胞の減数分裂での染色体の行動で判断される）はきわめて正常で、日本の（ヤマザクラ、エドヒガン、オオシマザクラなど）野生種との高い類似性が観察されました。

二　ネパールの秋咲きサクラと春咲きサクラ

帰国の日も間近いホテルの部屋の暗い電灯の下で、サクラの調査で走り回ったネパールの山々を回想し、現地のヒマラヤザクラの特性についても、おおむね把握できたという安堵感の中で次のような問題を考えていました。

それは、ネパール地方には一〇月中旬、秋に開花するヒマラヤザクラ（*Prunus cerasoides*）一種のほかに、春の三月に開花するヒマラヤヒザクラ（*P. carmesina*）とヒマラヤタカネザクラ（*P. rufa*）と呼ばれる二種の存在が知られているからです。つまりネパール地方には、三種類のサクラがあり、しかも後者の二種のサクラは、すでにヒマラヤの地で日本のサクラのように、春に咲く性質に変身していたのです。

この春咲きに変身した一種のヒマラヤヒザクラは、標高二三〇〇メートルの高地に生息し、ネパールの東からタイおよび中国西部にその分布をのばしています。花は紅色で、台湾や沖縄に分布しているカンヒザクラによく似ています。一方の種ヒマラヤタカネザクラは、東部ヒマラヤからビルマ北部のさらに高地の三〇〇〇メートル付近に分布し三、四月頃、白に近いピンクの花を咲かせるサクラと云われています。

サクラの研究家川崎哲也氏もヒマラヤ山中を精力的に踏査し、その個体の一部を発見しましたが、「どうもこれらの個体は減少しているようだ」とわたしに伝えてくれました。一九八〇年（ハミルトン）から一九五〇年代（中尾佐助）以来の文献の内容からみると、これら二種は、最近では減少しつつある希少種と考えられています。

一三　戦場《いくさ》で見たビルマのサクラ

ここで塩川優一著・随想集「続セコイヤの並木道」（一九九八年）の一節は、ネパール由来のサクラの自然分布に関する貴重な情報を提供するものでした。

その中の「吉野の桜」を引用します。「五〇年も前のことである。わたしは太平洋戦争に軍医として従軍し、北ビルマ（今はミャンマーとよんでいる）の中国雲南省との国境の雪の深い高山で中国軍と激しい戦いを終え、三月になって平地に下ってきた。」

「見ると、見わたすかぎりの山はピンクの花におおわれ、ちょうど満開の桜を見るようであった。わたしたちは皆、間違いなく桜ではないかと思った。しかし、桜は日本の国花と言われている固有の花であり、まさかビルマにあるとは思われない。しかも、人跡未踏の地であるので花のそばに行って調べることもできない。そこで一同は、これをビルマ桜と名づけて、ひたすら遠く離れた日本の春をしのんだのであった」……。

この文章からつぎのことが読みとれます。

① サクラの咲いていた場所・・北ビルマの山地

② 開花の時期・・三月

③ サクラの形態・・ピンクの花の満開

以上から、このビルマの奥地で三月に咲いていたサクラの記述は、そのサクラの種類がヒマラヤ地方の高所で、すでに春咲きに変身した「ヒマラヤヒザクラ（*P. carmesina*）」の自然分布を示したものと推察されます。

著者は、なおもビルマの桜にこだわり「桜の故郷は？」（ビルマの桜）と題した後日談に次のように述べています。

「平成五年十月、わたしは学会でチェンマイに行き、ついでに北タイのチェンライを訪れた。(中略)「タイとミャンマーの国境に沿った険しい山道を車を走らせ、途中で、ある寺院に立ち寄り休息した。寺の庭には数本の高い木があった。ふと樹の幹を見ると桜のようである。……「しかし、十月のこととて花はもとより葉もない」……「ガイドに、にこの樹は何か？」……「はたして桜だ、と答えた」……「このあたりには桜はたくさんある」……「桜は一〇〇〇メートル以上の高地でないと育たない」……「花見の時期は十二月の終わり」……「タイの各地から花見に来るという」

以上の記述から、このサクラの種類は、紛れもなく秋咲き性のヒマラヤザクラ（*Prunus cerasoides*）であったと推察されます。

つぎに著者は「さらにビルマの桜の後日談」の節で、戦場でみたビルマの桜との再会を五〇年目に果たしたことを感動的に述べられています。「平成六年九月と七年二月の二度、ミャンマー政府の招待で再びビルマを訪れ、そこでミャンマーの奥地ピーウールイという地をドライブして、偶然見かけたサクラ」は、その文体から春咲きヒマラヤヒザクラと思われます。

以上この「ビルマのサクラ」のエピソードは、著者が戦場みたビルマの春咲きのヒマラヤヒザクラの一種と、またタイの奥地では、秋咲き性のヒマラザクラという種類のつごう二種類のサクラに遭遇したことを示しています。そしてサクラへの執念を科学者（医学）の目で追求し、また日本人が一様に抱く異国の地でみたサクラへの郷愁をこめて述べられています。サクラの研究を専業とするわたしの知識は、古い文献によるのみであり、最新のサクラの分布の現状を地図や写真まで掲載して述べられている点において脱帽せざるを得ません。

［追記］この著者の愛娘に当たる方は現在、同学の東京農業大学で、植物のウイルスのスペシャリスト（夏秋啓子先生）として教鞭をとっておられ、父親である著者は「同学にサクラの研究をしている人はいないのか？」と問われたそうです。そこで及ばずながら、わたしの出番となり、このご縁で著者からは、ご丁寧なサイン入りのご本をプレゼントされたという次第です。

一四　春に咲くサクラのキーワードは「休眠」

春に咲くヒマラヤの二種の分布地は、いずれも三〇〇〇メートル以上の高地であり、水平的な緯度からすれば亜熱帯であっても冬には雪が降り、気温も零下に下がるという厳しい環境です。この条件に適応し生存するためには、冬期に深い休眠（寒い間は一時落葉し活動を停止する）という現象を獲得する必要があった考えられます。

「サクラが春に咲く」、このことを裏がえすと冬に休眠をするサクラだと考えてよいでしょう。では秋に咲くヒマラヤザクラはと云えば、冬に休眠しないサクラということになります。サクラが春に咲くか、秋に咲くかを決定するキーワードは「休眠」です。

そこで一つの実験を試みてみました。まず秋の休眠期にヒマラヤザクラと日本のヤマザクラの枝を、五度Cの冷蔵庫に入れておくと、ヒマラヤザクラの芽は活発に活動します。これに対し、日本のヤマザクラは、堅い冬芽のまま春を待っていました。

樹木類の休眠現象は、一般に浅い仮休眠状態から深い眠りの真性休眠というプロセスをたどります。その休眠が打破されるのは一度寒さを経験し、春の温度を感じた時です。この休眠現象は寒さだけの反応ではないようです。温度が高くても休眠状態になります。たとえばマレーシアの熱帯降雨林でわたしが目にしたのは、樹木が雨期を過ぎ、乾期に遭遇すると、一時、休眠状態になって葉を落とし暑さから身を守っている姿でした。

また、パラグアイでの経験では、「日本のサクラを大使館の庭に植えたが、どうも生育が悪い」というので、みると冬は日本並に寒いため休眠して生長を停止し、春の活動期に入り生長しています。ところが、やがて体温より高い四〇度という気温の夏の到来です。するとサクラは、その暑さには勝てず、もう冬が来たと思うのか休眠状態になり一年に二度も休眠の繰り返しで、ついにサクラは疲れ果て枯死するといった具合です。樹木の示す休眠という現象は、寒い地域に適応するためには、とても都合の良い遺伝的な切り札のような気がしてなりません。つまり進化の一プロセスでしょう。

秋咲きのヒマラヤザクラの存在を知った時、わたしは一種のカルチャーショックを受けました。その結果このネパールまで来てしまいました。さらにそのネパールの高地では春に咲く二種のサクラを知ったことも含めて、日本のサクラが春に咲くサクラの意味が改めて理解することの出来る大きな収穫でした。

一五　ゴダワリ王立植物園

ネパールに滞在中、バイオナーセリーのDr.シュレスターは、カトマンドウ市街より南約二〇キロに位置する王立のゴダワリ植物園とその併設の王立植物研究所を紹介してくれました。

ゴダワリ王立植物園には、熱帯植物や日本庭園風の配植がなされ、緑豊かな環境の中に白壁の研究棟があり落ち着いた雰囲気です。ガラス室にはネパール原産のラン科植物が組織培養され、光順化中でした。数人の男女研究員の紹介もあり、染色体の研究をしている女性研究員と、コナラ類の進化について意見の交換などがありました。ちなみに日本のカシワ、ミズナラ、コナラの染色体数は、すべて二四個の染色体数ですが、ネパールの種はその半数の一二個と推測され、この問題を解明すれば、サクラと同じように日本への進化の道も明らかになるからです。

苗畑では、奈良県の林業試験場で研修を受けたという研究員が順化したイチジク科の樹木（牛の飼料になる）の移植をしており、Dr.シュレスターは、彼らになにやら仔細な指示を与えているようでした。

苗畑の奥には、コナラ属の樹木の見本園、それに日本のサクラ園があり、約二〇個体の平均樹高は五メートルで順調な生育ぶりです。一一月中旬ではすでに落葉期に入り、春の四月には開花も見られるとのことでした。このサクラ園は、現在の天皇の記念植樹（年代確認？）と言いますが、日本人には、案外知られていないようです。

一六　ネパールと日本の森林の類似性

カトマンズ盆地の周辺で一番高い丘は、プルチョーキと呼び、その標高は二七六〇メートルです。その森林帯の山道をジープで駆け上がると、道路わきの風景は、高度を上げるごとに多様に変化しました。標高一五〇〇メートル付近では、日本の照葉樹林そっくりの豊かな森が現れ、その中にポツン、ポツンと距離にして〇・五〜一キロメートルを隔てるようにしてサクラの個体が点在し、満開のピンク色の花は、自己を誇示するように緑の中に映えていました。「これこそが森林の中で生きるサクラの姿ではないか」揺れる車の窓越しに撮った数枚の写真は少々ピンぼけでしたが、ネパールでのサクラの自然な生き様を知る貴重な証拠写真として今も大切に保管しています。

標高一五〇〇メートルを越えると森林の様相は常緑の数種のカシ類の個体が点在するようになります。この状況はふと一〇年ほど以前、群馬県榛名山にこもって日本のカシワ、ミズナラ、コナラ三種の類縁関係の研究をした時の思い出と重なります。

染色体の観察結果から、榛名山周辺の森林では、厳しいやせた土壌にはまずカシワ（かしわ餅の木）が先駆的に侵入して点々とした林を形成します。そこへミズナラの花粉が受粉して両種の雑種（ナラガシワ）の林を形成します。すると雑種はさきのカシワを覆ひ、ついには枯らしてしまいます。これによってやや豊か森林になると、そこへ最も生長の早いミズナラが移動して、ついには美しいミズナラの純林となるという種から種への交代劇と共存のドラマ「カシワとミズナラの物語」が存在します。お話はここで終わった訳ではありません。ミズナラの染色体の行動からネパールのカシワ類に日本のカシワのルーツをほのめかす手がかりが得られており、今後の研究に待ちたいと考えています。

また、ネパールの森林には、日本の関東以西に分布するクスノキ（*Cinnamomum camphora*）そのものがありました。いろいろな樹木が日本と共通点をもっている意味で「クスノキよお前もか！……」といった場面です。クスノキは戦後まで樟脳（セルロイド、防腐剤などの原料）を生産する非売品でした。そのため、わたしはその育種改良の研究に参画しました今日では化学合成が可能となり、その研究は中断されています。しかし、その当時、優良品として選抜されたクスノキの個体は、現在、宮崎市の駅前通りに街路樹となって緑陰を落とし、その名残をとどめています。

標高二〇〇〇メートル以上になると、日本の山野でもおなじみのジンチョウゲ類、ミツマタ類がみられます。とくにミツマタは、日本では和紙の原料として、また日本の紙幣にもつかわれているため、世界的に紙質の良いことでは定評があります。

ネパールでも（和紙？）、紙（封筒や便せんで見かける）の原料として利用され、ドイツあたりにやはりマルク紙幣の原料として輸出されているとのことでした。わたしが兄とも慕っている中平幸助博士は、このネパール産や日本のミツマタという植物を染色体操作によって紙質・繊維多収量ともに優れた品種の作出に成功し農林大臣賞を受賞しています。

さらに、ハンノキ類はサクラとともに、わたしの主要な研究材料の一つです。原産地でそのネパールハンノキ（*Alunus neparensis*）と会うことができ幸いでした。よく見るとこの種のハンノキはヒマラヤザクラと同じ秋十一月中旬に開花し、ヒマラヤ山脈を背景にして尾状花序という長い尾っぽのような雄花が印象的でした。このようにネパール地方では樹木の開花期が秋、日本では春という現象は、サクラだけではないようです。

一七　熱帯を好むフタバガキ

プルチョキの山に通じる山腹では、仏教伝来の木でおなじみの「沙羅双樹」、和名でフタバガキの唯一の種ショレア・ロブスタ（*Shorea robusta*）と遭遇しました。フタバガキの樹種はマレーシアやフィリピンの熱帯降雨林の主要樹種となっていますが、このネパールに一種存在することについては、わたしの研究生活にとっても種の進化を考える上でも興味のもたれる樹木です。

ネパールに存在する唯一のフタバガキの種レショレア・ロブスタをわたし達はルーツと考え、マレーシア、フィリピン、インドシナおよびボルネオ地方また一方にはアフリカ方面の熱帯降雨林に向かっての二つの進化の道がみえてきます。

フタバガキは、日本ではラワン材と称してとくに戦後は大量輸入が行われ、熱帯降雨林の破壊や日本林業の疲弊を招きました。われわれ林学の研究者は、その汚名返上とばかりに開発途上国という名の海外へ派遣されることになります。わたしも一九七五年、マレーシアの森林研究所に派遣され、約二ヶ月間、フタバガキの森林とその種の染色体数を観察する日々を送りました。

フタバガキの研究はマレーシアの森林研究所で、C・F・サイミントンというイギリスの研究者の一五年間の努力によって、フタバガキ科樹木の分類学的研究の金字塔が建てられました。

その著書「フタバガキの森林家必携」（初版は大戦中の日本軍の学者によって製本さられた一九四三年）によると、フタバガキ科の樹種は熱帯降雨林という環境のなかで四七〇種以上の種の分化を生じ、大きくはアフリカ型、アジア型の二つの系統に分かれ、それぞれ熱帯降雨林に向かって進化の道を示しています。その起源となる種はネパールに存在する唯一の種、沙羅双樹種ショレア・ロブスタであろうと考えています。

この樹種は一〇〇〇年もの昔からネパールでは貴重な森林資源と考えられ、壮大な宮殿、三重、五重の層塔などの建築物を見ていると、そのことが偲ばれます。

一八　温帯を好むカキノキとサクラ

つづいて果物のカキノキの話に移ります。マレーシア森林研究所のDr.フランシスは、「熱帯の森林に分布するロクスブルギー（*Diosupiros roxburgii*）という樹種（南洋材の紫檀・黒檀の後者をいう）が、「日本のカキノキ（*Diospyros kaki*）の原種」と考えていると述べ、わたしにその染色体数の確認を依頼しました。観察の結果、染色体数は三〇個と決定したのですが、これに対し日本のカキノキの染色体数はなんと九〇個です。このことは、染色体数を増やしながら中国を経て日本などの暖温帯（東アジア植物圏）へとカキノキの北への種の進化の方向が見えてきます。わたし達日本人には、改良された「富有柿」などでおなじみです。ちなみにネパールで見かけるカキノキ科は、染色体数三〇のトメントーサ（*Diospiros tomentosa*）という一種があり、農家で食したところ結構いける食べ物でした。

このようにネパールを中心とした森林には、日本の樹木とゆかりの深いものが多く、かつてわたしの研究歴に登場するドングリのコナラ属、カバノキ科のハンノキ属、ジンチョウゲ科のミツマタ、ツバキ科のサザンカなどどれをとっても、熱帯降雨林で種の分化をしたフタバガキ科樹木をのぞく、他の樹種はすべてサクラと同じようにネパール地方から中国西南部、台湾、韓国そして日本への進化の道があるようです。

一九　サクラの来た道の仮説

日本人が愛するサクラ、世界にも誇れる日本のサクラ。そのサクラが春に咲くものと信じていると、二五〇品種ものサクラの中に、秋に咲く十月桜や冬桜などの数品種があることを珍しいと思うだけでなく、花が秋に咲くさまを「なぜ？」という疑問の淵にさまようことになった時、熱海市にネパールのビレンドラ国王から贈られたという秋咲きのヒマラヤザクラ野生種があることを知り、その生育ぶりと花の美しさに魅了されてしまいました。秋に咲くサクラの品種の謎は、スギ科のビャクシンや品種改良の進んだミカンなどでみかける一種の「先祖返り」の現象ではないかと考えたのです。

秋に咲くヒマラヤザクラの話は、実は古い文献に紹介済みでした。しかし、それは「珍しいサクラもあるものだ……」と軽く見過ごし、ネパールのサクラと日本のサクラとのつながりについての実証を深く追求することはありませんでした。そこで、ビレンドラ国王の厚意に報いるため日本のサクラとの交雑やつぎ木実験などを繰り返してみました。

サクラ保存林に収集された多くのサクラの品種に対して、わたしの関わってきた幾つかの森林植物の知見、すなわち日本列島内やマレーシアの熱帯林で得た種の分化や進化のセオリーは、サクラにも直結しているよう思われました。

サクラは自然発生的に日本列島に現れたのではない！　では日本のサクラは「どこから来たのか？」という疑問と闘うことが「サクラの来た道」という仮説に挑戦することだと自覚しました。

おだやかなネパール地方の風土で、ヒマラヤザクラのように確実に秋に咲く性質のサクラが、寒さや乾燥に満ちた環境に適応しようとする時、その条件を克服する手だてとして、深い休眠という性質を獲得し活用するという仮説が成立します。寒い冬期には成長を止め、葉を落とし、かたく芽を閉じて、暖かい気温の上昇を感じてその休眠は破られ、落葉前に形成済みの花芽はめでたく開花するといった具合で、サクラの春の開花と休眠とはきわめて密接な因果関係があることも異種間のつぎ木で確認することができたということです。

その枝条に偶然のように発現した秋咲きの品種は、「われわれサクラの祖先は秋に咲いていた」と訴えているように思われるのです。

三度にわたるネパール訪問。そこにはサクラの研究に理解を示して頂いた多くの人々との出会いがあり、カトマンドウ周辺の山野を駆けめぐると、神々しいほどのヒマラヤ山脈を背景にピンクの花を枝いっぱいにつけたヒマラヤザクラの個体群へと対面し、さらに興味深いことは、ネパールの森林には、日本でもよく見かける植物の数々があり、その一つ一つに出会う度に、日本の山野の樹木と映像が重なって、ヒマラヤ地方の植物との一致性と、その樹木の染色体数の変化などが物語る進化の方向性は、日本のサクラの歩んで来た道筋を示す道しるべのようなネパールの旅でした。

「サクラの来た道」というテーマは、遠くネパール地方のヒマラヤザクラに種の起源を求め、サクラ亜属の分化過程を明らかにすることを目標として進行中です。この研究の動機となった秋咲きから春咲きへの形質の変化は、サクラの環境適応への手段だと推察されます。またネパール地方で、標高二五〇〇〜三八〇〇メートルの厳しい環境に分布しているヒマラヤザクラ（*P. carmesina*）やヒマラヤタカネザクラ（*P. rufa*）の二つの種は、この地ですでに春咲きの性質となっていることも日本のサクラが春き咲き性の現象に大きな示唆をあたえるものとして注目されています。

これらの研究は、主として細胞遺伝学的な立場から進めていますが、まだまだ道は遠く、またDNAレベルやアイソザイムによる多面的な研究推進が望まれます。

また、サクラを通して一九八九、一九九一、一九九三年と三度にわたってネパールを訪問する機会を得ました。そのつどネパールの研究者の支援と交流、そしてネパールの方々の心優しい協力を頂きました。これらに対してわたしは、今後ともネパール国におけるサクラ産業の開発などの海外協力を推進したいものと願っているところです。

［参考文献］

前川文夫：植物進化を探る（岩波新書、岩波書店、一九六九年）
C. F. Symington : Foresters' Manual of Dipterocarps, Universiti Malaya（一九四三年）
中尾佐助：花と木の文化史（岩波新書、岩波書店、一九八六年）
M. somego : Cytogenetical Study of The Dipterocarpaceae Malaysia Forester（一九八七年）
S. F. P. NG : Diospiros roxburghii and The Origin of Diospiros kaki Malaysia Forester（一九八七年）
染郷正孝：サクラとコナラの研究物語　二（コナラ編）（一九九〇年）
染郷正孝：サクラの来た道（林木の育種、一九九四年）
塩川優一：続セコイヤの並木道（日本医学館、一九九八年）

三章　歴史の中のサクラ

一　日本の風土とサクラ・日本人

　これまでに本書では、サクラの種の分化や進化の過程を考える中で、日本のサクラのルーツはヒマラヤ地方あたりにあり、そこから中国を経て日本へ伝搬してきたとの推論をしています。

　だからといって、日本の風土のなかで育くまれてきたサクラの種や品種の成り立ちを否定的に述べようとするものではありません。約六千万年前、大陸より日本列島が別れて日本海が出現し、南は沖縄から北は北海道と細長い島国です。そこに冬には日本海の水蒸気が雪となり東北に雪を降らせ、また太平洋側の南では台風によって多くの雨をもたらすため、自然の恵み多い「瑞穂の国」云われるだけに植物のよく育つ細長い島です。くわえて、列島特有の四季の変化は、サクラにとっても他に類のないほどの美しい花を咲かせるようになりました。つまり日本の自然は、独自の「日本のサクラ」を創造したというわけです。このことはわたし達日本人の祖先のルーツにも似て、遠くは南海の島から、近くは中国から、または北方から多様な人種が合い集まって、今日では単一民族とまでいわれるような「日本の民族」が誕生したことと良く類似しています。さらにそこから日本人とサクラとの間には共生が始まったと云ってもよいでしょう。

その緑豊かな森にピンクの美しい花を咲かせるサクラとのハーモニーは、わたし達、日本人の感性をさらに豊かにしてきたものと思われます。この章では、古来からの歴史を追いながらサクラと日本人とのかかわりについて述べていきたいと思います。

二　サクラの語源は

サクラを語るとき、そのサクラの語源が話題になります。「古事記」に登場する女神「木花開耶姫《このはなのさくやひめ》」を桜の精だと云われますが、小川和佑著『桜と日本人』（新潮選書、一九九四年）によれば、この神女は「日向神話」に登場する天照大神を指すようです。本来のサクラの語源は、そうではなく、農耕生活を営む農民の立場からみれば、サクラは長い冬から春を告げて咲き、季節を知らせる暦がわりの唯一の花木であったようです。植物気象学的にもセンサーとして農耕作業の指標とするのに、サクラは最もふさわしい樹木だといえましょう。そこに「サクラ」という語源の謎ものぞかれるようです。

このことを言語学者の金田一晴彦氏は、「植物の言葉」と題してつぎのように解説しています。

「田植えに関係のある言葉には、サナエ、サオトメのように「サ」で始まるものが多い。日本各地にサオリとかサナブリとかいう祭りがある。サオリは田植えの始まりに田の神が天から下るのを迎える祝い、サナブリはサナボリという地方もあり、田植えの後、神が天に上るのを送る祭りである。そうすると「サ」というのは、田の神を意味すると考えられる。サナブリなどの神事の時サオトメを上座に据えて酒宴をする習慣があることから、サオトメは田の神に仕える乙女、サナエも田の神より授かった神聖な苗という意味だったろう。

その後、「サ」の意味は転じて田植えを指すようになったようだ。サオトメは、田植えをする女性という意味で使われるようになり、サミダレは田植えの時期に降る雨のことで、「ミダレ」は「水垂れ」であろうか。旧暦の五月をサツキというのも、ちょうど田植えをする月という意味だったのであろう。」

「それでは、サクラの「サ」はどうであろうか。民俗学者・桜井満氏の説によると、山の神は、地上に降りてきている間、サクラの木に宿ると考えられていたという。とすると、サクラの語源は「咲く」とか、『古事記』にある「木花開耶姫」とは関係のないことになる。「クラ」は、馬の背に載せる鞍と同じもので、「座るところ」という意味の言葉と知られるから、サクラとは、田の神のクラ、つまり神の宿るところという意味だったのだろう。」

「日本人が、ことさらサクラを大切にし、愛してきた理由は、その花の美しさや、春の来た喜びの象徴というだけではないだろう。稲作を主とする生活にも、大きく関係しているように思う。」とサクラの語源が稲作文化と深い因果関係のあったことを強調しており、その時代からサクラの不思議の魅力は、わたし達の祖先の血の中に深く浸透していたのかもしれません。

三　縄文・弥生時代

日本列島に人が住み着いたのは数十万年前で、旧石器時代の人が住んでいたといわれています。そのころにもサクラは春になれば、当然のように山野に美しい花を咲かせていたに違いないのです。石器時代の人々は、厳しい冬を越したとき、サクラの開花をどんな気持ちで眺めたのでしょうか。

縄文時代になると、植物より動物に豊かな感性をもっていたようです。そのことは発掘された青銅器や縄文土器の文様などから推論されています。土器には蛇の飾りつけがあり、イノシシの土偶の出土などのほかには、花の模様は見当たりません。時代は進み弥生時代には、銅鐸の文様には、家屋や農作業の様子、それにシカやトンボが描かれています。そこにも花らしい絵柄のものは発見されていません。ところがサクラとの関わりを塗り替えた発見が福井県三方町の鳥浜貝塚にみられます。湖の泥中から多くの石斧や弓が発掘され、それらの柄にはサクラの樹皮が巻き付けられていたというのです。また鳥浜貝塚の縄文人は五千年以上も前からヒョウタン、リョクトウ、ケツルアズキ、シソ、ゴボウ、アブラナ類、アサ、コウゾなどを栽培していたことも明らかにされています（湯浅浩史著『植物と行事』〈朝日新書、一九九三年〉）。しかし、依然としてサクラの花との関わりはうすく、むしろ日本列島に熱帯系の植物である稲作が導入されたのは、紀元前三〇〇年といわれ、イネの農耕とサクラの花には密接なものであったと考えられます。つまりサクラは、農作業のはじめる時期に満開になるため都合のよい暦がわりであり、またサクラの花の咲き具合によって作物の豊凶を占ったりしていくうち「稲穀の神霊の依る花」という意味に高められていきます。サクラへの関心は、上流階級のエリートたちより農民・庶民の方がその美しさや利用方法を理解していたような気がします。

四　奈良朝時代（四〜七世紀）野生種鑑賞時代

大和朝廷による中央集権的形態の確立が進行すると、大和地方の丘陵地帯の原生林の伐採によって二次林化が進み、その開発された土地に先駆植物といわれるアカマツやヤマザクラの自生が目立ち始めます。また新しい表土には、歌人山上憶良によって歌に詠まれた秋の七草であるハギ、ススキ、クズ、ナデシコ、オミナエシ、キキョオ、フジバカマなど優先的に繁殖し、さらに開発はサクラをも栄えさせることになります。

ところが、奈良期の知識階級は、遣唐使によって中国から導入された中国文化の影響で薬用、食用としてのウメに関心が高まり、万葉集を見てもサクラよりウメを鑑賞する風潮が盛んとなったようです。しかし、サクラの美しさが再認識されるようになったのは、日本の風土を背景とした日本人の感性がよみがえった結果ではないかと思われます。

歴史書の中で桜という文字が初めて使われたのは八世紀に編纂された『日本書紀』（七二〇年）です。その巻第十二「履中紀《りちゅうき》」に履中天皇が皇妃と磐余磯池に船を浮かべて宴を催された時、履中三年冬一一月六日（陽暦一二月）というのにサクラの花びらが酒杯に舞い落ちて、時ならぬサクラを不思議に思われたというエピソードがあります。つまりこの時代にすでに秋咲きのサクラが存在していたことになります。この秋に咲くサクラの存在は、歴史家にとっては理解しにくいようですが、いつの時代にも秋に咲く形質（先祖返り）のサクラが突然生じても不自然ではないと、わたしは思います。

この時代は、禅宗の宗教的影響から日本式庭園（山水の美）や茶道の発達などがあり、各地からは都へいろいろな種類のサクラが集まり、これらの自然交雑によって、多様な品種が生まれるようになりました。八重のサクラもその例で、聖武天皇「奈良の都の八重桜……」の歌が有名です。一方、このころの庶民はヤマザクラの素朴さを鑑賞していたと思われます。古今集ではサクラを賞する詩が圧倒的に多くなり、花と云えばサクラを意味するまでになりました。平安貴族は花貝（貝合わせ）に興じ、サクラの花の下で詩を詠み舞い踊ったという記録があります。

五　平安・鎌倉・室町時代（九世紀から一三〇〇年）

京都を中心とする王朝文化の展開、中国との交流、キク、アサガオ、ボタンの渡来、紫式部の「源氏物語」にはゴヨウマツ、モミジ、フジ、サクラ、ハナショウブ、バラなどが登場します。そこに日本独特の政治・文化が発達し、花の世界はウメにかわってサクラの花の優美さに目が注がれ「花といえばサクラ」と定着し、ますますサクラの鑑賞が盛んとなります。

嵯峨天皇の皇子仁明天皇は、サクラの美しさをこよなくに愛されていたようです。その証拠にそれまで御所の紫宸殿《ししんでん》の正面に向かって右側に植えられていたウメの木をサクラに植えかえるように命じられたというエピソードが残っています。以来これを、右近橘《うこんのたちばな》、左近桜《さこんのざくら》の始まりと呼ばれるようになりました。今日でも京都の仁和寺や平安神宮の庭で見ることができます。タチバナもサクラも日本に多く自生していて好まれた植物ですが、サクラを上位の左側に植えたことに興味がもたれます。ちなみに左近サクラの種類ははヤマザクラです。

王朝の栄華はこの左近の桜とともに開花し南殿（紫宸殿）の花宴にも象徴される王朝の文

化の始まりでです。美のきわみである観桜の宴は、嵯峨、仁明の二代に確立され、後世に伝えられたといわれています。

平安時代中期の宮廷生活が描かれている「源氏物語」にも、上流階級の人々にとってサクラはたびたび登場し、豪華絢爛の絵巻となっていることが伺われます。そしてこれらの作品をとおして、平安京の春のサクラの咲き乱れるイメージが、今日の日本人の心にはあたかも自分自身で見てきたかのように焼きついているようです。また、平安時代の貴族階級のサクラの花宴は、富と権力のシンボルであったようです。サクラはこうして四世紀も続いた都を飾ることになり、そして時代は源平の抗争から鎌倉幕府へと転換し、貴族から武士の時代という両眼構造の歴史の舞台にもサクラはひんぱんに登場し、室町、南北朝、戦国時代と歴史の移り変わりの舞台の中でサクラは効果的な役割を果たしてきました。

六　戦国・桃山時代（一三〜一七世紀）

広野を焼き尽くす長く続く戦乱の中で文化的遺産のほとんどは崩壊し、足利政権末期の応仁の乱では、世相は悲惨をきわめ、中世以来守り育てられた花木のほとんどは焼失、サクラも戦火をまぬがれた品種がわずかに残るのみとなります。その後、織田信長らの武力統一による世相安定時には、工芸、絵画、華道、茶道の文化の展開。豪華な花見が盛んに行われ、サクラの木の下で茶の湯などが催されます。とくに戦国末期に催された秀吉の豪華な「吉野の花見」や「醍醐の花見」（一五九八年）の宴は、「桜史」を飾るにふさわしい出来事として今日にも語り伝えられています。

さらにこの時代で見逃せないのは、「願わくは花の元にて春死なん」と詠じている西行法師と「花はさかりに月はくまなきものを見るものかな」と平安時代の優美なものへの賛美や憧憬から一歩進んだ境地を開いた兼好法師の存在とされています。いわばこれらはサクラが「美」から「生命の花」へと変身していく時代的なサクラ感の変化を示唆したものといえます。

七　江戸時代（一七〜一九世紀）（品種形成時代）

関ヶ原・大阪城攻防を境として、政治文化の中心は次第に江戸に移ります。徳川政権三〇〇年のなかで近代化が進み、家康の後を継いだ秀忠は江戸城内に吹上花壇を造成して、参勤交代の諸大名も諸国の珍花を献上します。こうして江戸における花栽培と鑑賞は一般庶民にも広がっています。江戸時代は太平の世が続き、それまでサクラは貴族や武士などの独占であったサクラもここでは庶民のものになるのです。江戸の花見が盛んになったのは元禄のころからで、上野の東叡山や浅草あたりが花の名所となり、中期になると墨田土手、小金井、新吉原などの名所が増え庶民を喜ばせることになります。

この時代はわが国独特の花の栽培・育種も意図的に展開され、江戸時代の前半期の花の材料は、室町、桃山時代に流行した上流階級の庭園、林泉苑池風にふさわしいツバキ、サクラ、中国渡来のウメ、ボタンが中心となっています。

寛永七年（一六三〇）刊行の釈作伝「百椿集」には、ツバキ一〇〇種を六群に分けて解説され、元禄時代になると花栽培・育種も盛んとなり、その成果を書物として著す学者が登場します。その著名なものは、水野勝元「花壇綱目」天和元年（一六八一）、貝原益軒「花譜」元禄七年（一六九四）、江戸花戸三之丞「花壇地錦抄」同年とくに三之丞（江戸の有名な園芸家、中村伊藤伊兵衛といわれている）は、「広益地錦抄」亨保四年（一七一九）「地錦抄付録」亨保一八年（一七三三）などの園芸書を発行して、当時流行の花木の種類・培養・鑑賞点を図入りで説明しているのがこの時代の特徴といえます。

一方、京都においても江戸にまさるサクラの名所が数々あり、中でも「御室のサクラ」（仁和寺境内に現存）嵐山のサクラ、平野神社境内の平野のサクラなどが有名でした。

サクラの品種も多く生まれ「古今要覧稿」（一八四二）は六七の品種を記載していますが、時代が下り菊池秋雄の「園芸通論」（一九五〇）の記載では、当時の花の品種数は、ボタン四八一、キク二三一、ツツジ一六九、サツキ一六三、シャクヤク一〇四、ウメ四八、サクラ四六、カエデ二三の順であり、中世期に多かったサクラやウメが案外少なくなり、今日のガーデニングブームを想わせます。これらの書物は当時の花の種類や鑑賞の実体を伝える貴重なものと評価され、わが国独特の花の栽培・育種が意図的に展開されたことを示すものです。また、これらの書物は当時花の発達や、種類、観賞の実態を伝える貴重な価値をもっています。

竹田出雲「仮名手本忠臣蔵」（一七四八）の判官切腹の場面の散る桜から「花は桜木人は武士」となり、サクラは命の花という世界が賞賛される風潮が人々の心の中に定着していくのもこのころといえます。

八　明治・大正・昭和時代（近世・科学研究時代）

サクラは江戸時代に初めて民衆の花となりました。ところが明治に入りサクラは災厄の一時期を迎えます。維新政府が西洋文化の吸収に気をとられ、日本伝来の文物を軽視した結果、サクラの名所や名園も顧みられないで荒れていきます。やがてその文明開花の狂騒の波もおさまると、時代の流れとともにサクラの保護が顧みられるようになりました。

こうしてサクラがすっかり日本人の日常生活に根を下ろしていたにもかかわらず、日露戦争に勝利を得た日本には、軍国主義がはばをきかすようになり、サクラは人を動かすシンボルとして利用されるようになりました。本居宣長《もとおりのりなが》の有名な和歌「敷島の大和心を人間《ひと》とはば朝日ににほう山桜花」も「桜花と同じように日本の精神もうるわしい」という意味であったのに大和心と武士道を結び付けられました。その出発点は、陸軍軍歌が武人の死を鼓吹することであり軍国の花、靖国の花となり、「桜の樹の下には屍体が埋まってゐる！」にいたっては、サクラはいさぎよい死の花のイメージが強くなっていきます。

一九三三年（昭和八年）には、小学校一年の国語教科書が「ハナハトマメマス」から「サ

イタサイタ　サクラがさいた」に変わり、この教育による子供らは、やがて兵士となり、一九四四年の代表的軍歌のように「万朶の桜か襟の色……花は吉野に荒吹く」とか「大和男の子と生まれば散兵戦の花と散れ」のような運命をたどることになるのです。

昭和の中期になるとサクラの名所も数多く増え、そのうちの大半がソメイヨシノで占められるようになります。そしてサクラの分類学・種の分化・品種特性などが研究され、国の研究機関でサクラの品種保存が行われるようになりました。ここでの大きなトピックは、ソメイヨシノというサクラの品種が農務省の藤野寄命《ふじのきめい》による発見（一九〇〇）です。彼は品種の命名について「江戸府下豊島郡染井村」から吉野桜として上野の山に移されたと聞き、これを染井から来た吉野桜とをあわせて「染井吉野」としました。

一方、日本のサクラを世界に初めて紹介したのは、ドイツ人のＥ・ケンペル（一六五一〜一七一六）である。外科医、博物学者で一六九〇年に長崎・出島に来て、二年間滞在し、わが国の動植物を調べて帰国後、これを「日本誌」として著しています。サクラの実物をヨーロッパに初めて持ち帰ったのは、スエーデン人の医学者で植物学者のＣ・Ｐ・ツンベリー（一七四三〜一八二八）で、一七七六年（安永五年）のことです。かれは一七七五年、長崎オランダ商会の医師として来日、帰国するときサクラの苗木を持ち帰っています。

日本のサクラはこうしてヨーロッパにも知られるようになり、イギリス人などは横浜の植木会社を通じて、その苗木を輸入しています。また、友好・親善の花としてニューヨーク、デトロイト、バンクーバーなどの都市に寄贈されています。なかでも有名なのは明治四三年（一九一〇）、当時の東京市長だった尾崎行雄がワシントンよりの要請で贈ったポトマック河畔のサクラです。今日では、すっかりアメリカ人の気風にあったサクラとしてとけ込み、春には家族総出の花見の名所として親しまれ、世界的にも有名なサクラの名所となっています。

サクラについて生態、遺伝などの立場から探求する科学的研究は大正末期からとくに盛んになり、今日に至っています。昭和の「桜史」のなかでは、サクラを中心とした花いっぱい運動を国の内外で展開している「日本さくらの会」の活動は特記すべきで、毎年、ドイツ、アメリカなどの各国に、日本からサクラの女王が選ばれ、国際親善に大きく寄与しています。

ソメイヨシノがクローン植物（遺伝的に全く同じ形質）であり、これが日本列島の津々浦々に植えられ、毎年気象庁から報じられるサクラ前線のニュースは、植物気象学としても世界的にも類のない誇り高い貴重な植物となっています。こうしてサクラは日本の古代人や現代人にとっても生活に密着した美しい花であることには違いないのです。

大貫恵美子（一九九五）は「日本文化の中の桜」と題して、つぎのように述べています。

「日本人は、えてして外国のまねが好きだといわれている。中国原産の梅が古代のエリートたちに人気があったことは前述したが、今はバラをはじめとする西洋の花の人気が非常に高い。亡くなって人の棺《ひつぎ》に最後に入れる特別な花として、ハワイから輸入したランが使われているのを最近目撃して非常な違和感を覚えたが、こうした西洋の花の人気にもかかわらず、桜はいつまでも、日本人にとっては特別な花として楽しまれていくと思う。では、どうして日本人には桜がこれほど大切なのか。その答えはむずかしい。桜については時代時代によって異なる種々の意味づけがなされてきたためである。」

九　歴史のなかにみるサクラの品種分化

平安・鎌倉・室町時代の中央集権時代には、山から里へまた各地から献上のためいろいろなサクラが集められました。そこで自然にヤマザクラの野生種を中心に雑種ができ、変化に富んだ八重桜なども出現し、ウメの美しさよりサクラが愛されるようになりました。また、鎌倉時代は京都の公家と鎌倉の武家政権の中で、とくに鎌倉においては、近くの伊豆半島に自然分布するオオシマザクラを母体として多様な品種ができました。このようなサクラの系統群は一般に「里桜」と呼んでいます。

たしかに、日本におけるサクラ品種の形成を歴史的に振り返ると、奈良時代（六〜七世紀）に始まる大和朝廷から、平安・鎌倉・室町時代の中央集権が始まると、日本の各地から都へ貢ぎ物と共にいろいろなサクラの種類が集まることになります。そこでサクラが自然の交雑によって多様な雑種による品種が生じたとされています。同時に当時の人々は、積極的な交雑法やつぎ木技術を開発し、それらの品種が六〇〇年後の今日まで受け継がれたことになります。このような例は世界のどこの国にも類をみない事柄でしょう。

ちなみに奈良時代より伝わる古い品種には奈良の八重桜、関山、普賢象などがあげられます。

林弥栄（一九七四）は、サクラの品種を総称するサトザクラと呼ぶ大集団のうち一〇〇品種を系統的に分類しました。これを中尾左助（一九七六年）は、その品種の八割が伊豆半島に分布するオオシマザクラを母体にした雑種であろうと推定されています。その理由として、一一世紀の後半から開けた源頼朝の鎌倉幕府、それに続く小田原文化の関わりを述べ、ここでも歴史的な背景がサクラの品種形成に大きく影響していることが伺われます。わたしの花粉分析の結果もこの考えかたを裏付ける結果が得られています。

ちなみに多摩森林科学園のサクラ保存林の所在地は、八王子市廿里町で近くに旧鎌倉街道があります。廿里（トドリ）とは鎌倉から保存林に至る距離を示しており、時を経て寄しくもこのサクラ保存林は現代のサクラのいわば中央集権地区？　という形態をとっており、自然の交雑によって新たなサクラの品種のできる可能性も大いにあるわけです。このことは「昭和天皇の遺言の研究」の成果でも明らかです。

一〇　日本人の感性

狩猟生活から農耕へ移行する時代の古人達は、鳥のさえずり、木々の花や葉の緑から紅葉への変化、雲の流れ、朝焼け、夕焼けのあらゆる自然現象を自らの五感をフルに働かせて明日を占い暮らしていたに違いないのです。この感覚は今日の自然志向への憧れにも似たアウトドアへの思考であり、自然と付き合う時の状況を思えば想像がつくような気がします。

さて、サクラは農耕を営む上に、季節感を的確に示す指標となっていたことはサナエ、サオトメなどサクラの語源からも伺い知ることができます。現代でも気象庁が発表する「サクラ前線の予報」にはサクラのつぼみの発達が重要な判断材料になっています。植物が微妙な季節をとらえる機能は、他のあらゆるデータにまさるものだと思うのです。この植物気象学的研究をわたし達はもっと昔にかえって大切にしたいものです。「明日のお天気は？」「さあ、まだ気象のニュースをみていないので……」、「暑いけど気温は？」「？？……」といった具合で、現代の生活をかえりみると、悪い意味で情報化社会に頼りすぎているようです。遠い歴史のなかで獲得したいろいろな日本人の感性をもっと大切にしたいものです。

〔参考文献〕

本多正次・林弥栄編：日本のサクラ（誠文堂新光社、一九七四年）
中尾佐助：花と木の文化史（岩波新書、一九八六年）
湯浅浩史：植物と行事（朝日新書、一九九三年）
小川和佑：桜と日本人（新潮選書、一九九三年）
大貫恵美子：「日本文化の中の桜」（朝日百科、一九九五年）

四章　樹木学としての桜

一　日本列島とサクラの生態学（サクラは日本の樹木の中心）

約六千万年前、大陸より日本列島が別れて日本海が出現し、南は沖縄から北は北海道まで細長い日本列島が形成されました。そこに冬季は日本海の水蒸気は雪となり東北地方に水をもたらし、太平洋側には台風によって多くの雨を降らせました。こうして日本列島は、砂漠化することもなく自然の恵みの多い「瑞穂の国」とも云われるような、植物のよく育つ島になりました。くわえて列島特有の四季の変化は、サクラにとっても他に類のないほどの美しい花を咲かせるようになりました。日本のサクラの先祖は、遠くネパールあたりから長い時間をかけて渡って来たという仮説をとおして、日本列島は特有の「美しい日本のサクラ」を創造したというわけです。

森林の中でのサクラの生態
(ネパール・プルチョキへの道)

このことはわたし達日本人の祖先のルーツが、遠くは南海の島から近くは中国から、または北方から多様な人種が合い集まって、日本の風土の中に溶け込み今日では単一民族とまでいわれ感情豊かな「日本の民族」が誕生したことに酷似しています。その頃から日本人と森林、とりわけサクラとの間に共生関係が生じたものと考えられます。

豊かな森林も時折、自然の倒木や火災および人災などによって大小の森の穴(ギャップ)が出来ます。サクラのタネはあらかじめ小鳥によって森の中へランダムに散布されているはずです。その時の林床は暗く、サクラのタネは発芽を抑えられています。そこに森にギャップができ陽光が林床に差し込むと、サクラのタネは発芽して、その根は肥えた腐葉土の中に浅く伸びて十分な栄養を吸い陽光を受けて成長し、樹冠一杯に花を咲かせるようになります。自然の森林の中のサクラは、ほかの木に抱きかかえられるようして永い歴史の中を生きつづけてきた樹木なのです。

また、サクラは別の木の花粉がかからないと受精せず、実になってもそのままでは芽を出せません。いったん鳥や動物に食べられ、果肉が消化されたあと、タネだけが地面に落ちて始めて発芽するのです。ここにも昆虫や小鳥たちに世話になるサクラの姿があります。

新緑の山の中でひとときは鮮やかに浮かび上がるあでやかなサクラの花も、本来は森の中で五〇〇から一〇〇〇メートルくらいの間隔でポツリ、ポツリと点在する孤独な生き方をしています。

緑の中に反対色でもあるピンクの花を咲かせる仕組みは、生き残るために動物達を引きつける必死の装いから生まれたサクラの知恵です。受精からタネの運搬まですべてほかの生き物達の世話になるサクラは、どこか貴族に似たみやびな生き方をしていると云えるかもしれません。

森に抱かれ、小鳥を召使にするサクラは、森林生態の仕組みの中できわめて合理的な生き方を獲得した樹木なのです。くわえてサクラの木は、肥えた表土のみに根を伸ばす習性を獲得しました。また、花を着け過ぎるため他の樹種より短命と云われます。しかし森の中に寄生的に生きるサクラは、一代目は枯れても簡単に幹から根をだし、また傷でも受けると新しい芽（ヒコバエ）を出して分身をつくり、長生きしているかにみえます。実際の森林の遷移の中でタネの発芽から出発したサクラの一生は、やはり他の樹種にくらべて短命と云える樹木なのです。

一方、奈良県吉野山の一目千本とまで言われているサクラ群落は、平安時代から千年以上つづく最も古いサクラの名所です。西行法師は「吉野山こずえの花を見し日より　心は身にも　そはずなりにき」と吉野のサクラの美しさに心を奪われてしまったと詠み西行にかぎらず吉野山には多くの歌人が訪れサクラの歌がたくさん残されています。修験道が盛んだった吉野山では、昔からサクラはご神木とされ信者が競ってサクラを植えました。今では数万本のヤマザクラが山全体をおおっています。したがって吉野のサクラの群落は人の手によってつくられた人工的なサクラ山ということになります。ちなみにこの地方に分布するサクラの種類はヤマザクラ（*Prunus jamasakura*）で、日本の代表的な野生種です。

二　森林の中で寿命を示す四国西熊山のヤマザクラ

昭和六〇年、国の多摩森林科学園（旧浅川実験林）へ赴任早々、昭和天皇のサクラ保存林のお花見のお相手（実際は袖に控える身）、ついで「研究所としての機能を十分に果たしているか否か？」をチェックする行政監査を経験するなど緊張の連続と多忙な二年目が過ぎました。「サクラの研究も奥が深いもの」と痛感しているところへ追い打ちをかけるように高知営林局の技術開発の耕埼巌室長と名乗る方から一通の封書が舞い込みました。

内容は、高知県の香美郡物部村にある国有林内の通称西熊山（標高一八一六メートル付近）の南の山腹一帯は、かつてヤマザクラの大群落として有名でした。ところが最近になってそのヤマザクラが衰退して枯死するものが続出するようになり、所轄の国有林としては、民意も含みその対処策に頭を抱える時代が到来した。ついては、「サクラ保存林を有しその道の専門家である貴官の考え方を伺いたい。」というものでした。

添付された十数枚の写真には、シイ、カシ類の常緑広葉樹や針葉樹のモミなどの樹木がサクラの個体に覆いかぶさるようなものと、かなり広い面積に点在するサクラの群落の遠景が写しだされていました。林内からみたサクラは不自然な直立型の樹形をしており、その先端の枝はすでに枯れていますす。察するところ、世間ではあのすばらしかったサクラ山を守りかつ復活しようという考え方が支配的のようで、当の四国営林局ではその意見を無視できず。地元の大学の先生、研究機関の研究者そして山の愛好家などが参集して「西熊山サクラの保護の是非」についての「桜保存対策協議会」がもたれるなど、そのフィバーぶりは当時の新聞からも伺われます。

全国最大の自然群落地、西熊の山桜絶滅の危機、原因不明六年間に九割枯死（産経　九月一一日）

西熊山の山桜絶滅の危機　全国最大の自然群落（産経　九月一一日）

西熊の山桜ピンチ、樹勢が衰え枯死も、「特効薬」もなく頭いためる（高知　五月二〇日）

西熊山のヤマザクラ九四％枯れほぼ全滅（読売　九月二六日）

西熊山の山桜保護、別の場所を指示する声、営林局が四素案示す（朝日　九月八日）

西熊山に新たに山桜四〇〇〇本、検討会が意見、衰退対策　林道沿いに植樹（高知　一一月一七日）

西熊山の山桜　苗木蘇生へ、同山の山桜の種で、物部村苗四千本育て来年から（毎日　一一月

七日）

以上のような経過から営林局の結論は、折衷案ともいう策として林道脇に四〇〇〇本のサクラを植栽するという経緯が伺われます。

しかしサクラの自然の姿は、前述のように豊かな森の中に孤独に存在するものであり、その生存には小鳥、昆虫の世話になって生きるためにハデハデに花をつけて目立たなければならない樹木です。だとすれば、全山サクラだらけとなった西熊山のサクラは、その昔、人為による乱伐か、山火事などの災害の起こった跡地ではないのかとわたしは推察し、そのことをくだんの営林局の係官に手紙で問いました。すると「その山は約一〇〇年前、大々的にケヤキを伐採した跡地である」との返事があり、このサクラ山の繁栄はまさに人災によるものでした。一気に全盛期を迎えたサクラは、早くも衰退期を迎えようとしているのでした。そして、わたしは「自然の森は、安定的な自然の姿に還ろうとしているのではないか」という意見を述べた記憶があります。今から二十年も昔のお話です。

さて、サクラ山の存続問題は、二回、三回と営林局を中心に大学、学識経験者、地元代表によって協議が重ねられ、その枯死の原因については、森林植物の遷移による寿命説、病虫害、気象害（この五年間に降水量が少ない）、また、マツを一斉に枯らすザイセンチュウのようなものはいないのか、地元からは観光資源として貴重など異論続出の中で、わたしの気分を一新するような新聞の投書「サクラを見て森を見ない」と言う論説が目を引きました。

それは三嶺《みつみね》を守る会理事の坂本彰氏の書かれたもので「植生の豊かさこそ三嶺・森を見ない山桜保護論に反対」朝日新聞（八月一四日付）の高知論壇です。

以下その内容を紹介します。「このヤマザクラは観光客の目にとまりだした昭和五〇年頃にはすでに樹勢が衰え枯死が目立ち始めていた。ヤマザクラは植生の移り変わりの中でどうしようもない状況にあると思われます。昔の人の手で伐採された跡地へほぼ同じ時期に一斉に芽生え群落をつくった桜が同じ環境で育ち、同じ時期に寿命を終え、つぎの世代の植物に森林の主役をバトンタッチすることはごく自然なことであって、六月四日付け朝日新聞高知版のように「咲かせ続けよう山桜の群生」は無理なのではないでしょうか。人の手が入って一〇〇年以上たって、もとの自然に戻りついたとき人間が手を入れることにより新たな自然破壊を生むようなことは避けるべきです。三嶺一帯の魅力は、ヤマザクラだけにあるのではなく、山すそから頂上に至る植生の豊さ、渓谷あり草原ありの変化富んだ登山コースなど山域全体が大きな魅力をもっているのです。「サクラを見て森を見ない」状況でサクラの保護を論ずるのは反対ですし、サクラにあまりとらわれると三嶺一帯の価値を小さくし、総合的な検討が欠落する恐れがあります。云々。日ごろ自然を直視し森と付き合っている人ならではの自然観、そして真実の声を聞き、わたしは晴れやかな爽快な気分になりました。

また、高知大学教授、山中二男氏はそのヤマザクラとその群落―西熊山国有林の植生―高知林友、五（一九七五）で西熊山一帯の植生調査を行い、「……せっかくのヤマザクラにこんな冷酷な見方をすることは、情が薄いといわれてもしかたがないが、針葉樹の緑をまじえたヤマザクラの姿こそ、本当の自然ではなかろうか。」とも述べています。

この西熊山で起こった「サクラの始末記」は、ヤマザクラが森林の生態系の中で発芽し、生育して二〇歳が最盛期、五〇歳にして衰退をはじめ、そして七〇歳になると約九〇パーセントの個体がその一生を終えるという厳粛な遷移に身をゆだねるサクラの一生、そして新天地に命の復活を求めるであろうサクラの生き方を教えてくれました。

日本人は本当にサクラが大好き、その美しさ故にサクラの姿に目がくらみ感傷的な議論を交えた西熊山の長い論争の末の結語として、少しはサクラの生き方を人間は理解し、共通の意識に立つことができたのでしょうか。

サクラは時に森の中で栄え、森にその座を譲り、また何処かで栄えて子孫をつないでいく樹木なのです。今日の自然保護の論争の渦のなかで真実は一つなのに、自然に対する知識のずれや利害から生じる考え方には、まだまだ大きなギャップがあるような気がします。

三　花粉はサクラ品種の履歴書

四月中旬になるとサクラ保存林の八重桜系の品種は、そろって咲き始めます。その頃本学の環境緑地学科の学生、三〇名を引率してサクラ保存林の見学にでかけます。小田急から中央線に乗り継いで一時間半、高尾駅を下車して多摩森林科学園に向かって、サクラの勉強です。見学を終えた学生のレポートには、つぎのような感想文が目を引きました。「サクラを見学するのに、なぜそんなに遠くまで……。さして大きな期待もしていなかった。」……「しかし、サクラ保存林を見学して、自分は正直に言って驚いた。緑のサクラの御衣黄、華麗な楊貴妃、香気のある駿河台匂など多様な品種の歴史やその保存の大切さを痛感した」と述べているのです。さらに「次回は花の頃に、もう一度来てみたい」と結んでありました。これは日頃の講義（百聞）より一見の説得力の強さを痛感する一つの出来事でした。

サクラ保存林は、全国のサクラの天然記念物をはじめ、古くから寺院などに残る歴史的な品種、また地方の有名なサクラなど貴重な遺伝子を国の機関で守るいわば「サクラのジーンバンクで」す。集められた二〇〇〇個体は、現在、系統別に二五〇品種に整理されています。その功績は元東京農大教授の故林弥栄先生に負うところが大きく、その後のサクラ研究にも多くの至便を与えています。

この先輩の意志を受け、わたしは昭和六〇年より平成二年までの五年間、遺伝学的な切口からサクラを解明しようと試みました。その一つが各品種の花粉の形態や稔性に関するのデータの収集作業です。品種ごとに花粉を採取して顕微標本を作りその形態や大きさなどの地味な観察の日々が続きます。

花粉は、花粉母細胞の分裂によって作られます。細胞分裂の過程で、染色体が正常に行動すると染色体は半数に減数されます。その結果、形の整った花粉を形成します。これに反して染色体が異常に行動するものは、染色体数に乱れが生じ、それが花粉の形態に反映されます。染色体そのものの観察は大変手間のかかる作業ですが、花粉は、省力的かつ効率の良いサクラの遺伝的特性を理解するのに便利な観察法です。

サクラの染色体の基本数は、八個です。これら八個の染色体をそれぞれの両親から受け取り、計一六個の染色体でサクラは生きています。花粉母細胞分裂の時期は、まだ寒い二月頃から始まります。東京地方のソメイヨシノの開花は、毎年この減数分裂の時期から丁度一か月後に見られるので、わたしはこれをサクラの開花日を予想する一つの指標と考えています。この予想は不思議に的中するので「気象庁より正確だ……」と学生の前で自慢しています。気象庁は芽のふくらみを測定し、例年の気温などの予測データをもとに開花予想を出していますが。この減数分裂の時期も追加してもらいたいものです。ちなみに東京地方での減数分裂は二月下旬です。したがって例年の開花は三月下旬の二九日から三〇日の前後です。

さて、花粉母細胞内には両親から八個づつもらった、計十六個の染色体が現れます。遺伝的に正常なサクラの個体であれば二個づつ八組ペアになって細胞の中央に並びます。その様子は運動会の二人三脚のようです。そして一母細胞からは分裂し、八個の半数からなる染色体を持ち形態的にも良くそろった花粉を形成しています。顕微鏡の下で植物の生殖の不思議さを見る感動の一瞬です。

ところが、雑種のサクラでは、相手が見つからない二〜三個の染色体が気ままに行動して、八組の染色体の中に配分の不均等ができ、その結果、花粉の形がいびつになったり、中味が空っぽになったりするのです。この観察によって品種ごとの雑種性や染色体異常などの判定が可能になるというわけです。

こうして保存林に収集された二〇〇品種の遺伝的特性をみると、全体の約七〇％の品種に雑種性や突然変異また染色体数の異常（三倍体）など何らかの遺伝的異常が認められました。サクラの品種は、花の形態変化を主に賞用していますので、正常なものと比較して奇形化しています。したがって花粉特性の情報は、これらの品種が雑種性、染色体数の多い倍数性または突然変異などによって形成されたことの示唆を与えてくれます。

また、品種中、三〇％は正常な花粉特性を示していましたが、これらの品種をみると、種内で個体変異の大きい伊豆半島に局部的に分布しているオオシマザクラや富士山麓一帯にみられマメザクラ（一名フジザクラ）から選ばれた野生種そのものであったり、さらに種内変異の大きさは、地理学的要因によって生じていることを明確に示す手がかりともなっています。

四　三本の矢とサクラの品種

樹木の進化の方向には、遺伝情報をつかさどる染色体の数が増加すると、成長量が増大したり、環境に適応する能力も向上し、同時に新しい種に分化したことになります。これを「倍数性進化」と呼んでいます。

一九七五年、マレーシアの森林研究所に出向して、フタバガキ（日本ではラワン材）の分類研究の仕事の中で、現地のDr.フランシス研究室長は、タイの奥地に分布するディオスピロスロクスブルギー（*Diospyros roxbrgii*）という種は、日本のカキノキ（*Diospyros kaki*）の原種と考えていました。わたしがその染色体数の観察を分担したところ、ロクスブルギーの染色体数は三〇個で、これに対して日本のカキノキはなんと九〇個であることが判明しました。東南アジアを故郷とするカキノキは紫檀黒檀の黒檀で知られている樹木ですがここにも倍数性の進化がみられます。

つぎは、染色体数が三つのセットからなるお話です。戦国時代の武将、毛利元就は隆元、元春、隆景の三子に向かって「三本の矢ほど強いものはない」と一族団結を説いたという話は有名です。同じ意味では「三人よれば文殊の知恵」とか「三拍子」、三愛（琴、酒、詩歌）などがあります。また、棒は一本や二本では立てにくいが三本にすると立てやすい。そして四本では余分という具合に、三の数字から生まれる不思議な出来事は自然界にもみられます。林木のスギやヒノキに三倍体が発見されています。普通のスギより2倍近く良い成長を示すスギです。九州のさし木による造林が盛んな大分県日田地方のウラセバルやヒノデスギという地方のスギの品種がそれです。わたしはその成因を四倍体（四四個）のスギと普通の二倍体（二二個）とをかけ合わせて三三個の三倍のスギを人工的に作って証明しました。

これと同様のことがサクラの品種にもみられます。サクラの染色体数は一六個（二倍体）です。品種群の中には染色体数が二四個（三倍体）のものが発見されています。倍数体の出来る原因は、二月から三月頃の減数分裂時に紫外線や高低温に曝されることによって偶然に発生します。

三倍体のサクラ品種は意外に多く、コヒガン（長野県高遠のサクラが有名）、コバザクラ（別名フユザクラ群馬県鬼石町）、シロタエ（大輪八重）、センリコウ（香りが良い）、コシノヒガン（一重大輪、富山県）、フクロクジュ（紅色大輪の八重）、オウジョウチン（枝先に白大輪）、コマツナギ（白色大輪）、アリアケ（京都仁和寺で有名）などがあります。その形態的特長はいずれも枝葉が大きくなり花は八重化したものが多いようです。

また、三倍体品種の花粉の形態は、空虚花粉、巨大花粉、小粒花粉が混在して三倍体特有の不稔性を示します。この花粉の形態的特徴を利用して新たに三倍体を検出することも可能です。たとえばシナノミザクラ（*Prunus pusendo cerasus*）として導入した一個体がありました。見学者には「このサクラは中国原産のサクランボの木です。しかし不思議なことに実の着かない珍しい品種です……」と説明していたのですが、調べてみると染色体の多い三倍体植物でした。

五　サクラのタネと散布

関東から南一帯に分布するヤマザクラをはじめ伊豆半島に局部的にみられるオオシマザクラ、そして日本列島全土の中部山岳地帯に広く分布するエドヒガンなど計九種の野生種は、いずれも実をむすび、関東地方では五月下旬～六月上旬に果実（サクランボ）は黒色に熟して散布者である小鳥の食欲を促します。果実と小鳥との関係について、一説にはサクラ亜属の果実は、成熟する段階には緑色から赤色となり、最終的には黒色へと変化します。一つの枝にはそれぞれ異なった色の果実が二週間にわたって同時に存在する結果となり、餌として価値の高い黒色の成熟果実を探す鳥に対する効果的でディスプレイだという考え方です。

日本のサクラ果実の大きさは直径が〇・六～一・二センチメートル、果肉をのぞいたタネ（核果）の大きさは直径〇・四～〇・七センチメートルと小粒です。一方、熱海に植えてあるネパール原産のヒマラヤザクラの果実は一・三センチメートルで日本のサクラの約一・五倍も大きく、また熟期は、五月で日本のサクラと同期に熟しますが、日本の小鳥は全く関心を示さないという観察があり、今後、果肉の成分分析と小鳥の嗜好との関係の究明に興味がもたれます。

サクラ保存林の二五〇品種の結実状況は、その約八割が実を結ばないか、結実しても発芽せず不稔性を示します。とくに八重化した品種の結実は皆無です。それはサクラ品種の成り立ちが雑種や染色体異常および遺伝子突然変異などであり花は奇形化したものが賞用されるからです。

一方、品種の中にも正常なタネをつくるものが二割ほど存在することは、これらが野生種そのものから選抜され品種であることを物語っています。

サクラの果実を好む鳥類は、スズメ、シジュウカラ、カワラヒワ、シメ、イカル、ムクドリ、ヒヨドリ、オナガ、カラスなどです。とくにムクドリは大群で飛来し食べます。小鳥に食べられた果実は、果肉のみが消化されタネは糞とともに地上に散布され、発芽のチャンスを待つことになります。

ここでサクラのタネを人工的に発芽させる簡単な方法を紹介します。まず五月前後、果実(完熟でなくてもよい)を集めます。果実はメッシュの袋に入れて約一ヶ月間、土中に埋めると微生物の働きで果肉はきれいに分解されます。タネは水洗して新聞紙上で水をきり五度Cの家庭用の冷蔵庫内で「冷温湿層処理法」という発芽促進を行います。まき付け(二一~三月)

の二ヶ月ほど前にハンカチ状のガーゼでタネを包みテルテル坊主を作ります。胴体の部分を水に浸すと毛細管の原理で、タネに湿度を与えます。こうした処理でタネは一斉発芽します。サクラのタネは湿った状態で、十度以下の温度に二ヶ月ほど曝されると一斉に発芽する性質があるからです。

六　昭和天皇とサクラの品種形成の実証実験

昭和六〇年四月一六日、さきの昭和天皇はサクラ保存林でご生涯最後の「お花見」をされました。ご鑑賞のご相手は、当時の加藤亮介実験林長と小林義雄前樹木研究室長で、新米室長の私はその袖に控えている状態でした。すると陛下が「ここでは、いろいろな雑種ができるだろうね」と述べられたのです。その場では確たるご返事が出来なかったのが悔しく、その時は過ぎました。陛下の生物学者らしいそのご質問の意味は、わたしの脳裏に深く刻み込まれたものです。

日本のサクラ品種の形成を歴史的に振り返ると、奈良時代（六～七世紀）に始まる大和朝廷から、平安・鎌倉・室町時代の中央集権がはじまると、日本の各地から都へいろいろなサク

サクラの品種形成実験
一つの母樹に一重や八重が出現

ラの種類が集められ、これらが自然の交雑によって多様な品種が生まれたとされています。奈良時代より伝わる古い品種には、奈良八重桜、関山、普賢象などがあげられます。同時にさし木やつぎ木技術も発達し、六〇〇年前の品種が今日まで伝えられています。しかし、多様な品種が実際にどのようにしてできたかを確かめる実証実験はこれまで誰も手がけていなかったのです。

サクラ保存林に植栽された二五〇品種にも及ぶサクラは、貴重な研究材料になっています。サクラ保存林の住所は八王子市廿里《とどり》町といい、近くに鎌倉街道が通っていて、トドリと言う意味は鎌倉からの距離を示す意味ではないかと考え「これはまさに鎌倉時代につぐサクラの中央集権だ……」などとこじつけながら、さきの陛下の言葉をお借りして「昭和天皇のご遺言の研究」と称し「サクラ保存林における自然雑種の形成」という研究テーマの実験に着手したのです。三年後の昭和六三年のことでした。

まず、サクラ保存林に順調に生育しているヤマザクラ、シュジャク、カンヒザクラなど計一〇品種の母樹を選び、その周辺木の位置図を作成し開花期の同じ株の有無などを記録し、各母樹から自然交雑のタネを採取して、発芽促進処理（タネを湿して五度C）し、翌年の三月にまきつけ発芽し苗木を大切に育てました。その子供群には五〇〇本、開花をみたのは六年生苗に成長した平成六年の春でした。母親は五枚の花弁のサクラであるのに、その子供達の花の形は一重、八重、小型、大型、白い花、赤い花と大きな異変が観察されました。陛下のお言葉から一〇年の歳月を経て、ようやくこのサクラ保存林でも、このように自然の多様な雑種ができることを農大生がこれを引き継ぎ卒論でその証明をしてくれました。この結果は、古来のサクラ品種形成に関する考え方に一つの実証を得たものと考えています。

七　サクラの花の変化の方向性を調べる（めしべが葉っぱに化身）

サクラの保存林に訪れる一般の見学者は、口を揃えて「サクラがこんなに多様で品種が多いとは思わなかった」とため息をつきます。確かに花の色では、ピンク色のコヒガンザクラ、濃い赤および深紅のカンヒザクラ、純白のタイハク、黄金色のウコン、緑色のギョイコウなど千変万化といった具合です。

また、花の形にいたっては小ぶりのコバザクラから大型のタイハクという品種、さらにサクラの花弁数は五枚が基本であるのに、ケンロクエンキクザクラ（兼六園菊桜）では、三六〇枚もの花弁が数えられます。山あり谷ありの六ヘクタールのサクラ保存林には、二五〇品種、一六〇〇個体のサクラがひしめき合って咲き競う様は見事です。開花も二月中旬に咲くカンザクラ（寒桜、このサクラは毎年わたしの誕生日の二月二十日に咲く）、ついでソメイヨシノは三月中旬、ナラヤエザクラ（奈良の八重桜）は五月に入ってからといった具合で、それぞれのサクラの品種が四ヶ月にわたって鑑賞されるというわけです。

見学者から「このサクラ山でのお仕事ができるなんて幸せですね……。」とうらやましがられているその裏では、サクラの花の変化についての方向性は、もともと五弁の花からどのような多弁化の道をたどったのか、という器官分化についてまで生物学的な説明はないことに気づくのです。

その手始め一つが、サクラ品種についてあらゆる形質のデータベースの作成です。二一七品種について、既往のサクラ、日本のサクラの文献や最近のデータを整理して、パソコンにつぎつぎにデータの入力作業です。サクラのあでやかさとは裏腹に地味な根気のいる仕事です。その入力の項目は、品種名や系統名に加えて樹高、幹の直径、葉柄の長さ、葉身の長さ、花粉充実率、花の色、花形（一重・八重など）、開花期、花の幅、花弁数、花径、めしべおよびおしべの本数などです。

二一七品種について入力したデータベースから花の形質に関係の深い花弁の数、花の大きさ、めしべおよびおしべの数、さらに葉の形質などのデータとの組み合わせなどから分析を行いました。

花形でサクラ品種間に最も変異が大きく現れた形質は、花弁数の変化でした。ちなみに花弁数を分割して品種数の出現率を見ると五枚の花弁を持つ品種は、全体の四〇％で最も多く（ソメイヨシノ、イズヨシノ、スルガダイニオイ、カンザクラ、タイハク）、六～一四枚の範囲で一九

％（アリアケ、センリコウ、ハタザクラ、ボタン、イッカヤマ）、三〇～七九枚で一四％（カンザン、イチハラトラノオ、オオタザクラ）、八〇～九九枚では〇％、一〇〇～一九〇枚は六％（ヒウチダニキクザクラ、バイゴジュズカケザクラ）です。花弁数が二〇〇枚以上の品種になるとさすがに少なくなり二％で三六〇枚の花弁数のケンロクエンキクザクラ、ツクバネなどの品種があげられます。

サクラの花の変化の方向
おしべが花びらに変化（旗弁化）する
上：シラハタザクラ
中：ケタシロギク
下：ケンロクエンキクザクラ

サクラの野生種の花弁数は、五弁が基本数です。それ以上の花弁数の変化は、植物学的に云えば「奇形学」の範ちゅうに入るものですが、サクラは古来から花弁数を増やしたサクラに人気が集まり新品種として賞用されたことになります。

ついで花の形質変化の大きな特徴を示すのは、花弁数が増加するとおしべの数は逆に少なくなる傾向です。この二つの形質には逆相関という結果が生じています。普通五弁のサクラの花のおしべの数が、二〇~三〇本が数えられます。

花弁数が増加するとおしべの本数は減少するという現象は、旗弁《きべん》化と云って、おしべの葯の部分が花弁に変化していく過程からも推察されます。その様子は、ちょうど旗竿の先端に白い旗がひらひらとひるがえっているようで、特徴的な品種としてのホタテ「帆立」やハタザクラ「旗桜」が、その名のとおり理由を教えてくれます。こうして、おしべは次々と花弁化していき、最終的には花弁との間にその痕跡をとどめる程度になっています。

やがて、おしべの数が皆無となると、その時めしべは、今までおしべに囲まれていた時と違って、女性としてのアイデンテイテイを失ったのか、花の中心で中性化して一本の葉っぱに化身していきます。「なんとあわれなめしべの終焉」とわたしは形容したくなります。

これを象徴する品種に、めしべが一枚の葉っぱになってしまったイチヨウ「一葉」、また二枚の葉になり、それが普賢菩薩の乗っていた象の牙に似ていることから名づけられたフゲンゾウ「普賢象」という有名な品種があります。

一方、花の大きさ（直径）を品種間で比較すると、さきの花弁数の品種間の変異より、意外に小さい値となりました。同時に葉身長や葉身幅など花の変化に関係する形質にも大きな変化がないことが解りました。やはりサクラの品種を多様化している形質は、花弁数の変化です。五弁の花を一重といい、花弁数が多くなった花を八重と呼んでいます。サクラ品種の中で花弁の大きいものに、タイハク（太白）という品種があります。この品種は、一度日本から消えた品種で、イギリスで収集されていたものを昭和七年（一九三二）、サクラの収集家イングラムが日本に寄贈し、いわば逆輸入されたサクラ品種としても有名ですが、花は大輪の一重で白色の名花です。

これに色調の変化も白から赤、ピンク、紅色と、またそのぼかしなどの組み合わせもあって多様に変化しているようです。

一重でも花弁が重なり合っているため外目には八重のよう見えるミクルマガエシ「御車返し」という品種があります。その名の由来は、平安時代の貴族が「あの桜は一重であった」、いや「八重であった」と言い争い、それではと牛車を返して確かめたということから名づけられたエピソードに由来しています。五枚の弁の幅が広くそれが重なる特徴を持ち合わせているため、一重にも八重にも見せるのです。サクラの好みは一重か八重か、サクラの花の好みは昔も今も人それぞれだということでしょうか。

八　緑のサクラの謎

サクラ保存林も四月中旬になると、サトザクラ系品種（アマヤドリ、ヨウキヒ、フクロクジュ、ホタテ、イチハラトラノオなど）の花で賑わいます。その中に混じって緑のサクラで有名なギョイコウ（御衣黄）が見学者の目をひきます。このサクラはもともと東京の荒川堤に植えられていた品種で、その花びらが緑色、花の中心は紅色となる珍しいものです。「なぜ花弁が緑なのか？」その緑の花びらを二五ミクロン（一ミクロンは千分の一ミリ）程度の厚さの切片をつくり、顕微鏡（三〇〇倍）で覗くと、これまでの白やピンクの花弁の内部構造と異なり、そこにはれっきとした同化組織と葉緑体までが観察されます。緑の花びら本体は、葉緑体の存在であったということになります。さらに、花びらの裏面には気孔もあって生理的機能としては、葉っぱとまったく同じ構造で、同時に光合成まで行っているサクラでした。

ということで、緑のサクラ、ギョイコウの花は、葉と花の中間的な存在ということです。この緑のサクラの品種は、植物学でいう「花は葉の変形」の典型であり、器官分化を知る良いお手本というわけです。

九　能登半島と菊桜（フェーン現象とサクラ）

花弁の数が三六〇枚という有名な品種に、石川県の兼六園にあるケンロクエンキクザクラ「兼六園菊桜」があります。このサクラの特徴は、花の上にまた花がつくという2段咲きの構造です。そのため花弁数の増加が生じます。この花の形を「菊咲き」と云いキクザクラと総称しています。このような性質を持つサクラは、石川県の能登半島には、ライコウジキクザクラ（来迎寺菊桜）、アキシコギクザクラ（阿岸小菊桜）、ヒウチダニキクザクラ（火打谷菊桜）、ケタノシロギクザクラ（気多白菊桜）、ゼンショウジキクザクラ（善正寺菊桜）など多くの品種が存在しています。キクザクラ系の品種は、先にも述べたようにめしべが葉化し、つまりこれが生長点となってそこにまた花を形成して二段咲きと云われるように花がダブルなので、花弁数も増えるというわけです。

　では、なぜ能登半島に多くのキクザクラが発生しているのでしょうか、このように花弁が多数となる現象について考えているとき、わたしはかってスギの三倍体の研究が大きなヒントになること気づくのです。昭和四〇年代、国の林業試験場では儲かる林業と称してスギやヒノキ、マツなどの針葉樹類の研究が主流で、生長の良い個体を全国から選抜して採取園を造成しようという事業が発足したのです。この流れは倍数性の研究を「くず苗つくりの研究」だと云評され、大げさにいえば弾圧をうけていました。確かにスギの四倍体は、逆に生長がダウンするからです。しかし、わたしは、三倍体という性質のスギであれば、生長を促進の効果があると信じて、ひそかに研究を続け、ついに人工的に（実際には自然界にも存在していた）スギの三倍体を育成することに成功しました。

　一方、日本全国から優良スギを選抜する事業は、着々と進められていました。ところがそのスギ中にタネが着かないスギが続出して問題となりました。わたしの調査ではすべて三倍体（染色体数が多い）のスギであることを発見しました。三倍体スギは、日本の各地から選抜されたのですが、その位置を日本列島の地図に落としてみました。すると、能登半島や新潟方面の積雪地帯や鳥取の大山から吹き降ろしのある気象条件の場所にスギの三倍体が多く発生しているのです。

この現象は季節的に三月から四月にかけて太平洋から南風が吹き脊梁山脈を越え能登方面に吹き降ろす時に生ずるフェーン現象を想起させます。春先に見舞われる高温の風は、開花の準備をしている野生種のヤマザクラやスギの細胞分裂に突然変異を起こさせるのに十分すぎる要因と考えられます。

能登半島の日本海側でも暖流が北上しています。そのため暖地を好む野生種のヤマザクラが分布しており、わたしの脳裏では、キクザクラの発生の要因がスギの三倍体の発生地とダブルのです。そこでその証拠の把握する一つの試みとして、この地方に分布するヤマザクラ集団の個体の枝に菊咲きに類似した花の変異が一個でも発見できたら、気象要因とキクザクラの発生との因果関係を掴んだことになるのではないかと確信しているところです。最近、地元の林業試験場の方から能登のヤマザクラの枝にそれらしい花が着いているという報告がありました。

一〇　フィリピンプレートの伊豆半島とオオシマザクラの成因

東京農大教授（淺川実験林園長）であった林弥栄（一九七四）は、サクラの品種を総称するサトザクラの大集団のうち一〇〇品種を系統的に整理し、これを中尾左助（一九七六年）が分析したところ、サトザクラ系品種の八割が伊豆半島に分布するオオシマザクラを母体にした雑種であると推定しています。このことは花粉の特性からも支持されます。このようにオオシマザクラは特殊な種であり、それには伊豆半島の地理学的特性が深く関わっているものと考えられます。

伊豆半島を含む大島諸島さらに内陸の丹沢山地は、フィリピン海プレートの移動によって、まず丹沢山地が六〇〇万～四〇〇万年前に本州中央部と衝突し、さらに二〇〇万～一〇〇万年前には伊豆半島が衝突したと言われています。こうしてできた伊豆半島地域は、地質学的に新しい陸地と考えられます。

また、日本列島の日本アルプスと関東山地に挾まれた地域はフォッサマグナと呼ばれ、伊豆地域も南部フォッサマグナに含まれる。フォッサマグナもまた新しい地質であり、この地域の火山性土壌に新種造成の能力があったと思われ、多くの顕著な種が見られるところでもあります。

このような事から、オオシマザクラは新しい伊豆半島の環境に侵入し、火山性土壌の影響を受けながら分化していったと考えられるのです。

一般に植物が新しい環境に適応する段階では、種内に大きな個体変異を生じ、また、その環境になじんだ種は遺伝的集積が起こり、種内の個体変異は比較的小さくなるのが一般的です。

その中で、オオシマザクラは伊豆半島および大島のみに局部的に分布している野生種で、サクラ以外にもハンノキ類のオオバヤシャブシという八倍体種が伊豆半島のみに分布しています。

植物の進化や種の分化は、ホッサマグナ（地殻の大断層）や火山活動および陸地の移動などによる環境の大きな変動が起きると、植物はその環境に適応しようとして種内に大きな個体変異や突然変異を生じて新しい種を創造します。一方、長年にわたり一定の環境になじんだ種は、遺伝的集積によって、種内の個体変異は小さくなるというのが遺伝学的な考え方です。

オオシマザクラには葉や花の形態に大きな変異がみられ、その集団から品種として選抜された事実は先に述べたとおりです。このようにバラエテーのある種であることから、サクラの研究会などで「ほんもののオオシマザクラはどの個体だろうか……」という話題がでて、わたしは愕然とします。生物の種の概念からすれば、一つの集団そのものが種なのです。たとえばここに日本人の学生がいます。その中の誰が本当の日本人なのでしょうか。

オオシマザクラの種の集団を数量的にとらえた研究はこれまで皆無であり、平成八年より農大環境植栽研究室ではその調査に着手しました。南伊豆地方の良妻地区の山林を中心にオオシマザクラの一〇〇個体を選び、個体ごとに葉や花の形態を数量化して、その集団の個体変異を明らかにしようという試みです。

平成八年におけるオオシマザクラ開花日は、伊豆半島の南伊豆下田地方が四月上旬、一方山岳部の船原峠付近は四月下旬で、伊豆半島における開花期は約一ヶ月の地域差が認められました。

花弁数は八割の個体が五弁ですが、六～八枚に多弁化した個体が二割ほど検出されました。雄しべが花弁化した旗弁を一～四枚もつ個体の出現頻度は全体の三割の個体にみられました。これらの現象はヤマザクラの個体集団では、きわめてまれなことで、オオシマザクラの形質には、やはり、他のサクラの野生種より大きな変異が存在しており、伊豆半島に適応した比較的新しいサクラの一種であると考えられます。

またハンノキ属のオオバヤシャブシという種はオオシマザクラと同じく、伊豆半島のみに分布しています。なぜ伊豆半島だけにこれらの種が存在するかという課題は、わたしのライフワークのテーマでもありました。日本列島に分布するハンノキの一グループに二倍体のヒメヤシャブシという種があります。その種を基本として四倍体のミヤマハンノキができ、さらに八倍体のミヤマヤシャブシ（那須地方に分布）、オオバヤシャブシ（伊豆半島に局部的に分布）の種毎の倍数性により種の分化を明らかにし、この結果から伊豆地方のみに分布するオオバヤシャブシは、八倍体に高度に進化し適応性を高めた種であったため日本列島に衝突した伊豆半島に適応し今日に定住したものと結論しました。（この研究は昭和六三年、日本林学会賞を受賞）

さて伊豆半島に進入したオオシマザクラの起源となる種についての考え方ですが、ヤマザクラであるかまたはカスミザクラかという諸説があります。わたしは前者を支持しますが、今後の究明に待ちたいところです。

二　桜の台木は仮の宿

　桜保存林を歩いていると、いろいろなサクラの不思議に出会います。サクラの品種のほとんどは、つぎ木で増やされたはずなのに、その痕跡がありません。他の樹木では、台木と穂木との継ぎ目が割合にはっきりしているものですが、桜にはそれがないのです。

　そこでつぎ木の部分をよく見ると、幹の下（穂木）から気根に似た穂木自身の根が盛んに発生して地中に伸び、台木と入れ替わろうとしています。

　桜の樹皮には多くの「皮目」があり、葉の気孔と同じように呼吸を行う組織が発達しています。これが幹から根が出やすい秘密のようです。

　そこで、桜保存林に植えてある品種の全てを調べてみると、若い時代には台木の勢いで成長しますが、五年ぐらいたつと幹から出た根がしっかりと土中に根付き独り立ちを始めています。こうなると、自分の根と台木の根との半々に活用される時期から、最終的には台木の根は弱って無用の長物どころか、ナラタケ菌の発生源や穿孔性害虫などの巣になってしまいます。つまりサクラの台木は、つぎ穂が成木となり自らの根で一人立ちするまでの「仮の宿」のようなものでした。

　この原理を応用したのが、京都は仁和寺にある「御室の桜」です。ここの桜の歴史は古く、もともと腐植質の浅く粘土質の土壌に蛸壷状にサクラを植え根元に落ち葉など土をかぶせて樹形を低く仕立てて自根の発生やひこばえを発達させて花を咲かせるようになったのです。

　ここのサクラは、ハナペチャの意味の「お多福桜」ともよばれています。「わたしゃお多福、御室の桜、鼻（花）低くても、人が好く……」と歌われ親しまれる由縁です。これは数百年の間、根元に土をかぶせ、またかぶせて、新しい根や萌芽枝（ひこばえ）を出させ、樹体の若返りをはかって今日まで継承してきた結果なのです。これは一種の株仕立てで先人の知恵ともいえるものです。国宝五重塔を背景に低木状の御室の桜花の景観、茶屋の縁台に腰をおろし、咲きこぼれる桜の鑑賞は心を癒してくれます。品種は普賢象、桐ヶ谷、御室有明、御車返し、御衣黄などの名品が一〇数種、一〇〇株ほど植栽、管理が行われています。ちなみに御室のサクラは大正一三年天然記念物法による名勝に指定されました。

　背丈が低いサクラというので果樹試験場の友人から「果樹のわい性台木に使えないか……」との相談がありました。御室のサクラの品種のすべては、サクラ保存林にも育成されており、それぞれを株仕立てでなく一本仕立てにすると一五年生で高さ一〇メートルにも成長するサクラであり決してわい性のサクラではないことを教えて納得させました。毎年、短大二年生の京都造園演習旅行では、御室のサクラの仕立て方の講義と五重塔をバックにした記念写真の撮影が恒例の思い出作りとなっています。

このようなヒントから品種の継承を「つぎ木」ではなく自根を容易に発生させることのできる「空中とり木」という方法で苗木をつくる実験を試みました。一五〇品種に対してみられた発根の良否は、品種によって多少の差異はありますが、大半の品種は健全な自根による苗木となることが解りました。ちなみに発根良好な品種はコマツナギ、コヒガン、イツカヤマ、コシオヤマなどであり、発根不良の品種にはスジャク、ミクルマガエシ、イモセ、イチヨウなどがありました。

サクラの空中とり木法は、五月以降に枝の樹皮を二センチほどの幅にナイフで剝がし、そこに水気を持たせた水苔をまき付けビニールで覆うというきわめて簡単な増殖法です。サクラは自ら新しい根を出しやすい性質をもつ樹木です。こうした根を「自根」と呼んでいます。なぜ自根を発生しやすいか、サクラのように森に寄生するような生き方する樹木には、意味のある機能だと考えています。森の中で群生しないサクラは、被圧を受けたとき自らの根やひこばえを容易に出して生き延びる機能を備えてきたのかも知れません。注意して樹皮をみると、かば細工で樹皮にプツプツの斑点を見かけます。これは「皮目」といって、葉っぱの気孔のような役目をもっています。機能的に空気を取り込みやすい樹皮の構造は、新しい根や芽の元を作るのに都合のよい仕組だと考えることができます。

二　シダレザクラの謎

サクラの形質の中で花はもちろんのこと、樹形の美しさも魅力の一つです。それは地上に届きそうに枝垂れるヤエベニシダレ（八重紅枝垂れ）、幹までひねりのあるモリオカシダレ（盛岡枝垂れ）というように、シダレの形も様々です。サクラ保存林の二五〇品種中、二〇品種がシダレの形質をもっています。

サクラの林を歩きながら、しだれの形質は、サクラが生きていく上でどんなメリットがあるのか、と考えるのです。それはやはり「ヤナギに風……」のたとえのように、風の抵抗を和らげて生きるのには都合の良い樹形には違いないと自問自答します。鹿児島に実家をもつ学生が帰省した際の感想に「台風後のサクラ園で、しだれ桜は風の被害がなかった……」と告げてくれました。

中国の山水画にはよくシダレ柳やしだれの梅などがモチーフとして描かれているような印象を受けます。さらに中国原産の樹種の中には、シダレカツラやシダレエンジュさらにシダレモモと云うように他の樹種にもみられ、中国南部の風土は、樹木のシダレが発現しやすい風土ではないかと考えるようになりました。そう云えば中国南部の南支那海に面した地帯は常に台風に襲われ、シダレ形質を獲得したという要因と結びつきます。これに反して、前章で述べたネパール地方のヒマラヤザクラは、花びらが散らない性質やシダレ形質を示す個体は全く存在しない理由として、この地帯が四メートル以上の風のない無風地帯であるというネガティブな事実からも、シダレ形質が地域やその環境に由来して発現したという示唆がえられます。

こうしてサクラのシダレについての関心は、サクラの進化と適応という意味からもその遺伝様式の解明が必要と考えるようになりました。スギには葉がよれるヨレスギや針葉の先端が白くなるミドリスギという品種があり自家受粉による自殖実験の結果、これらの遺伝様式、はメンデルの法則にしたがっています。

ところがサクラは、自家不和合の性質が非常に強い木で、いくら花粉をかけてもスギのような自殖実験が出来ません。あきらめかけているとき、昭和天皇のサクラ保存林内での雑種形成の実験と称して行っていた苗床でミカドヨシノという品種を母樹にした子供の苗の中にシダレ形質をもったものを発見したのです。この予期しない結果に興奮しながら調べていくと、つぎの事実が判明したのです。

ミカドヨシノという母樹は、がっちりした高木性の正常な樹形のサクラです。これに小鳥や昆虫を媒介として行われる自然受粉によってできたタネを採取して苗木を育てたところ、その子供の苗木の中にシダレの形質を示す個体が出現しているのをみて驚きました。そこで母樹の一〇メートル範囲の花粉親となるサクラをみると、すぐ近くにヤエベニシダレがあったのです。

サクラと同属のモモ類でのシダレ形質の発現様式は劣性遺伝子であることが知られています。その遺伝子型は、正常型がＡＡ（優性ホモ）で、これに対してシダレ型はａａ（劣性ホモ）というメンデルの法則でいう優性の法則です。たとえば遺伝子型がａａであればシダレの表現型となり、これがＡａ（ヘテロ）の状態でも対立遺伝子Ａがａより強いため、その表現型は正常な樹形になるというわけです。

ミカドヨシノの外見は正常な樹形です。したがってその遺伝子型はＡＡのホモタイプかＡａのヘテロタイプと考えることができます。この二つどちらかを知るため、ミカドヨシノ

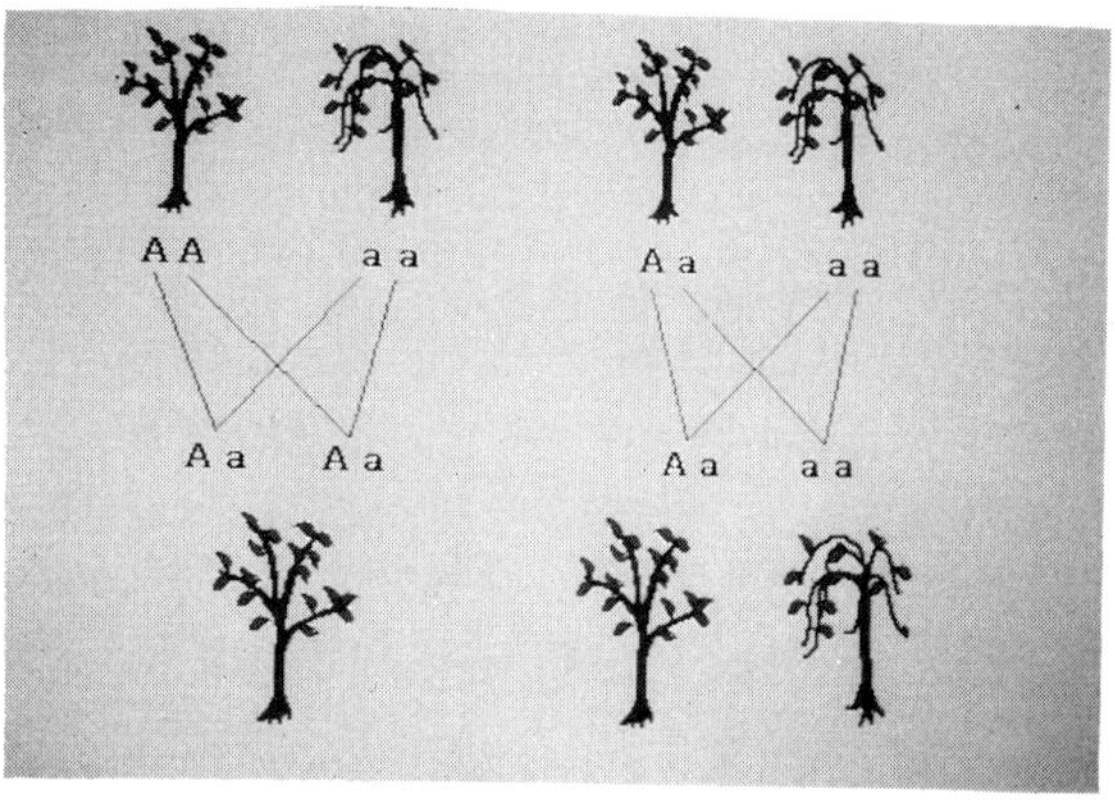

サクラのシダレ形質の遺伝様式

（AA）にヤエベニシダレ（aa）の花粉がかかった場合を想定してみます。その雑種第一代の子供の分離比はすべてAaで見かけ上は正常型の樹形となります。つぎにミカドヨシノの遺伝子型をAaのヘテロと考え、シダレaaとの分離をみます。すると次代の子供の分離比は理論上AA：aa＝一対一となって、正常なミカドヨシノの子供にシダレの苗が出現しても不思議ではないという結論に達したわけです。このことからミカドヨシノの遺伝子型は、Aaヘテロタイプということが解りました。

サクラは強い自家不和合という性質のため正当な自殖実験ができず、あきらめていた研究が、瓢簞からこまのたとえ、はからずも「昭和天皇の遺言の研究」から解明できたというわけです。

サクラのシダレ形質は進化の途中で、必然的な必要性から獲得した形質と考えられます。aaの劣性形質と表現しますが決して悪玉の遺伝子ではありません。シダレは風圧や他の物理的圧力に抵抗する力を持ち必要があれば、シダレ形質を発現して種族を保存する大切な遺伝子なのです。

エドヒガンという野生種は日本列島の中部山岳に広く分布し、その学名は *Prunus pendula* で枝垂れるという意味が含まれています。ソメイヨシノの片親として知られ、またシダレザクラの天然記念物で有名な福島県三春町の三春の滝桜や、ヤエベニシダレなどはすべてエドヒガン系の品種です。

日本女子大教授の中村輝子先生（植物生理学）が三年生だった福地佳子さんという学生を連れて、わたしの研究室を訪問されました。学生の福地さんは日本さくらの会主催の第十一代の「さくらの女王」に選ばれた才媛で、相談の趣旨は、卒業論文のテーマにサクラを選びたいということでした。

わたしは、とっさに「シダレザクラのメカニズムの究明」はと、自分の考え方を述べて提案した記憶があります。シダレについての生理学的究明に興味があったからです。

中村先生と学生の福地さんらは、その後三春の滝桜を訪れたりして、シダレヤマザクラ、ベニシダレザクラ枝垂れ型とヤマザクラの正常型とを対比しながらシダレ現象を生理学的に解明され、その屈曲のメカニズムについて、枝垂れ型は枝の伸長速度が大きく、これに伴う木質化が進行しないために、伸長と木質化のアンバランスが生じ、屈曲が生じていることを解明し、最近では、無重力の環境下においては、枝の強度をつかさどる木部組織の細胞壁の発達が全く低下し、薄い柔細胞化することを明らかにし、樹木が重力に向かった直立するとの意味を発見するなど興味のある研究方向へと発展し、今後ホルモンおよび遺伝子による調節等に関しての検討などに期待がもたれています。

一三　サクラの花はなぜ散り急ぐのか

サクラは華麗に咲く時も美しく、また、散り逝くさまは花の命の短さと人生を重ねたりして、この上なく日本人の美的感性をくすぐるものがあります。花の散り方もさまざまで、あまり風もないのに前ぶれもなく一斉に散ることもあれば、サクラ保存林のように谷底から春風の上昇気流に乗って舞いあがるサクラの美しさは、たとえようもありません。この瞬間を知るのは長い間サクラ保存林に勤めた者の役得でしょうか。

わたしもネパールの全く花びらを散らさないサクラの存在を知るまでは、サクラは散るもの、そうでなければサクラではないと思っていたくらいです。

ヒマラヤザクラの花は全く散らずに一生を終える。その理由はやはりしだれの形質を示す個体がネパールの山野をかけめぐって調べても一本も発見されなかった事実。そしてその地方では年間四メートル以上の風の吹かない風土であることを知るにおよんで、日本のサクラの散る意味をサクラが進化の過程で獲得した風に対する抵抗性として考えるようになりました。

実験室では一一月下旬、開花直前のヒマラヤザクラを水ざしにして、つぼみの時点からその開花、そして花びらが散り落ちる日数を観察しました。ところがヒマラヤザクラの花びらは、二週間経過しても落ちるどころか、ドライフラワー状態のままになっても花びらを散らさないのです。これに対してソメイヨシノ（三月下旬）の観察結果は、一週間目には水ざしにした枝からは、実験台の上に一、二枚の花びらが落ちはじめ、二週間目にはほとんどの花びらを散らしてしまいました。このようなネパールと日本のサクラの花の構造の違いの不思議さに驚きます。

日本のサクラの花が散りやすいのは、ちょうど花の季節（東京・四月上旬）に、春の嵐と言われるような雨混じりの強風に遭遇します。ソメイヨシノに限らず日本のサクラの花が散り急ぐのは、前述のしだれ形質と同様、進化の過程で風の抵抗を少なくするために獲得した一形質と考えらます。サクラの開花時のあでやかな花の装いは、小鳥や昆虫を呼び寄せ受粉を手伝ってもらう姿であり、そうして受粉が終われば、早々と花弁を散らして風圧から身を守るための工夫と思われます。サクラの花が散り急ぐさまは、まさに子孫を残すための必死の装いなのかも知れません。

一四　サクラ前線は北から、南から

「沖縄のカンヒザクラは、北から南に向かって開花が進むそうですが、本土はその逆の南の九州から関東、東北、北海道へとサクラ前線は北上しますね」と、その現象の矛盾に頭をかしげる人がいて、一瞬こちらもなるほど不思議な話と同意してしまいます。

事実、南北に長い沖縄本島では、二月上旬よりに北の名護市今帰仁城や名護城のサクラ、さらに南の糸満市へと開花前線は南下していきます。一方、ネパールでも秋咲きのヒマラヤザクラの開花は、一〇月中旬にカカニの丘（自称）という標高二〇〇〇メートルの高いところから咲き始め、標高一〇〇〇メートルのカトマンズ市内へと低い方へ向って咲いていきます。

このように南国やネパール地方では、サクラの開花が、高所や北の方から南へと移っているのです。

サクラの開花は、春の気温上昇の前に一度低い温度に冷やされる必要があります。前年の夏期に完成された芽は、深い眠りに入っています。そこへ低い温度に遭遇することによって、眠り（休眠）の引き金がはずされる訳です。その後は暖かい春の安定した温度で開花を待つのです。

高所や北からの開花は、その地域が早く引き金が外されたことを意味しています。

この点、日本本土の場合、一様に低高に会いすでに目を覚ましています。ただ春の暖かさを待っている状態です。したがって、日本列島では早く暖かくなる南から、サクラ前線は北上する訳です。ソメイヨシノの開花は、九州あたりで三月上旬に咲きはじめ、そして東京では三月下旬、さらに北上して北海道では五月上旬に開花しています。

暖かいハノイに日本のサクラを植えると、春先の低温が不足するため、目覚めが遅く、開花だけでなく葉芽の展開も遅くなく傾向があり、現地の係員もやきもきすることになります。

一五　桜の花の匂いについて

バラの花などを摘んで枕にして熟睡したというクレオパトラの話があります。このように香りというと必ず出てくるのがバラです。同じバラ科の植物でもウメの香といえば「梅香」と言い、なんとなく解るような気もします。

おなじバラ科でもサクラの香については、花の美しさほど話題にならず、サクラの香気といえば桜餅のオオシマザクラの葉の塩づけから発する成分でクマリン（comarin）くらいのものでした。

早朝、サクラ保存林の中ほどを歩くと、朝日を通してほのかに甘い匂いが立ち込めています。これがサクラの匂いかなと周囲をみると、そこには駿河台匂、御所匂、千里香など香りのつくサクラの品種が植えられています。

サクラ保存林には「匂」と名のつくものに荒川匂、御所匂、御殿匂、上匂、染井匂、匂大島、平塚白匂、八重匂、駿河台匂があります。一方、「香」とつく品種と言えば静香、千里香、万里香の品種があります。このように名づけられたサクラ香りの由来に思いをはせるひと時です。

昭和六三年四月、ウメの調査で実績をあげた小川香料中央研究所、基礎研究室長の堀内嗣郎さんからサクラにはどのような匂があるのかを科学的に分析したいと共同研究の要請がありました。

まずサクラ保存林で植栽されているサクラ品種の中から鼻の利くパフューマー（調香師）の官能検査によって二百七品種から三十三品種に強い香りが認められました。ほかにもかすかに香るサクラも少なくないようです。なかでも香りの強い品種を一七品種ほど選び、それらの花（ヘッドスペース）から発する香気成分の採取や分析が二年間にかけて行われました。ガスクロマトグラフによる成分分析の結果、サクラには六十九種類の香気成分の存在が明らかにされました。香りが強い代表的な桜として「駿河台匂」、「上匂」、「帆立」、「衣笠」などが挙げられます。

香りのあるサクラを系統的にみると、オオシマザクラ系、ヤマザクラ系、ソメイヨシノ系の品種に多く見られることを発見し、香気の種類は、バラのようなフローラルな香り、キノコを思い出させる香り、ヒヤシンスに似たグリーンな香りなどの三つに分類することができます。ちなみにその中でもっとも香の強い品種はオオシマザクラ系の品種スルガダイニオイ（駿河台匂）という品種でその特徴はヒヤシンスのような香りでした。駿河台匂は、東京の駿河台にあったことから名づけられたオオシマザクラ系のサトザクラで、四月下旬に一重でごく淡い紅色の花を数個つけて咲きます。この品種を花粉分析するとオオシマザクラの野生種そのものの性質を示します。このサクラの香気成分も前述の伊豆半島という地質学的に新しい環境の中で示す変異の一つと考えられます。

これに似た傾向として、富士火山帯の中に種の分化をした野生種マメザクラ（一名フジザクラ）の群落で花の形態調査をしていると、たとえようもないよい匂いのする個体に出会うことがあります。

この実験をまとめるにあたって、香気成分と品種の系統の分類指標にならいかと注文をつけた結果、学会報告では「世界で最初の成果」として高く評価されたとのことでした。

植物から生ずる香りは特有の植物精油と呼ばれる芳香成分が花や植物体の表面細胞に生成され少しずつ揮発性の蒸気となって空中に飛散しています。サクラの花の色や形態変化に加えて、香りもまた時には昆虫を意識した虫媒花的な生存戦略を変異の中に兼ね備えているのかも知れません。

一六　ソメイヨシノは果たして雑種か

昭和六〇年、林業試験場浅川実験林（現在の多摩森林科学園）に席をおくことになり、サクラ保存林の二〇〇〇本のサクラの二五〇もの品種を目のあたりにして、「これからの自分の仕事はなにをすべきか……」と今後のサクラとの付き合い方を考えていました。

わたしのライフワークは、樹木の細胞遺伝学的手法による種の分化や進化の究明でした。それは顕微鏡を研究手法の武器としてレンズの視野の中にうごめく、樹木の染色体の行動からその樹木の生き方を教わることでした。

サクラの種や品種の分類は、主として形態分類学的手法が主流で今日まで行われてきました。そこで自分としては「サクラを遺伝的な視野から眺めてみよう」と決意を新たにしたものです。

そこで、手始めの作業として二五〇品種の花粉特性に関してのデータベース化の仕事を進めました。毎日、顕微鏡を覗くのは地味でつらい仕事でした。

春たけなわ、多くのサクラ品種の花の美しさにため息をついている見学者を尻目に、品種ごとに花粉を採取して薬包紙に包み、それをプレパラートにして顕微鏡で覗くと、粒ぞろいの花粉もあれば中に花粉粒に大小の変異がみられ、また花粉の内容物が全く欠如している品種など様々でした。

こうして花粉の特性は、それぞれサクラ自身の生い立ちを物語ってくれる貴重なデータの一つであると確信したものです。花粉特性のデータからサクラ品種の雑種性が判断されることからエドヒガンとオオシマザクラの雑種と言われるソメイヨシノへとわたしの関心は移行していきました。

ソメイヨシノは江戸時代の末期に、現在の東京都豊島区にあたりの園芸地帯、駒込の染井から吉野桜（ヨシノザクラ）として上野公園に植栽されたのです。藤野寄名は、ヨシノザクラはヤマザクラであり、それとは異なることから染井から出たヨシノザクラという意味の「ソメイヨシノ」と改名しました（一九〇〇年）。その翌年の一九〇一年、東京大学松村任三博士は、このソメイヨシノの学名を *Prunus yedoensis* と命名しました。

一九一四年、アメリカのハーバード大学の樹木園次長であったウィルソンE. H. Wilsonは、初来日し、一年間日本列島のサクラおよび植物を南から北まで縦断しました。そして、一九一六年、"The Cherrise of Japan" を発刊し「ソメイヨシノはオオシマザクラとエドヒガンのハイブリッドであると強く思える」と記述したのです。この判断に当時の日本の分類学者は大いにショックを受けたようです。

そのことは一九六二年、国立三島遺伝研究所の竹中要の日本の威信にかけての実験、オオシマザクラとエドヒガンの交雑があります。その雑種の中にソメイヨシノに似たものを作出したとしてソメイヨシノの雑種起源説を実験的に肯定したのです。ちなみにイズヨシノ（伊豆吉野）という品種はエドヒガン×オオシマザクラの人為雑種であり、アマギヨシノ（天城吉野）はオオシマザクラ×エドヒガンの逆交雑の人為雑種です。

今日、ソメイヨシノは、オオシマザクラとエドヒガンの雑種とするのが定説となっています。しかし、最近、この説には疑問の声も二、三あります。

わたしは、これまでハンノキ属樹木の種の分化について細胞遺伝学的に解明した知見をもとに、このソメイヨシノに対して、花粉の特性から染色体の行動を観察できるチャンスを得たのです。

まず、保存林に収集されたソメイヨシノと竹中要が人工的に交雑して作ったイズヨシノ（エドヒガン×オオシマザクラ）、アマギヨシノ（オオシマザクラ×エドヒガン）およびフナバラヨシノ（伊豆の船原峠で発見された自然種）の花粉を観察しました。

ところがソメイヨシノの一三クローンすべての花粉および染色体の特性はヤマザクラやオオシマザクラと同様に正常な野生種そのものでした。

一方、人為的に作り出されたというイズヨシノおよび伊豆で選抜された自然のフナバラヨシノの花粉および染色体の行動からは、きわめて高い雑種性を示したのです。この一連の観察では雑種が定説のソメイヨシノが正常であり、人為的に作られた雑種は高い雑種性がみられるというおかしな結果となったのでした。

ソメイヨシノの雑種説に対して「ソメイヨシノは果たして雑種なのか」と疑問を抱くようになったのです。おりしも、平成元年四月（一九八九）、ポトマック河畔のサクラで有名なワシントンの近くの国立樹木研究所のローランド・ジェファーソン博士が日系の奥さんと一緒に日本を訪れました。その際わたしと会う機会があり、サクラ保存林を一緒に歩きながら、話題はソメイヨシノの雑種説に集中しました。彼は十数年、サクラに関する研究を続けてきたナショナルプロジェクトチームのリーダーです。遺伝学を専攻する同氏はソメイヨシノを研究材料として交雑実験などを行っているが、その遺伝学的特性から「ソメイヨシノは雑種ではなく、純然たる種の一つ」ではないかというのです。意外な意見の一致にお互いにサクラを通して友情のようなものを感じました。

平成一一年八月、ワシントンの樹木研究所を訪れる機会がありました。ジェフアーソン博士はすでに同所をリタイアされ、お会いできず残念でした。研究所のサクラの実験林には彼の業績と思われる、サクラの次代植物がすくすくと育っていました。ソメイヨシノのルーツにこだわり、交雑実験を繰り返しているとソメイヨシノはやはり雑種ではなく「純然たる野生種の一つ」と云う氏の学説のお重みがこのサクラの実験林から伝わってくるような気がしました。

一七　ソメイヨシノがクローン植物であることの意味

ソメイヨシノの発見の動機は明治一八年（一八八五）、上野山の桜の調査によって開始されたことに始まります。上野の山は飛鳥山につぎ江戸時代からの桜の名所であり、吉野山から取り寄せたヨシノザクラ（本来はヤマザクラ）が植栽されていました。幕末から明治にかけて活躍した博物学者田中芳男（男爵）は、維新後は文部省博物局に勤めでサクラの調査を発案したようです。

上野の山のサクラの調査は、一八八五年から博物局の技師、藤野寄命を中心に行われました。藤野は精養軒の前の通りにヨシノザクラと呼ばれていた並木がヤマザクラとは異なることに注目、庭師にそのサクラの由来を聞いたところ、「染井あたりの園芸地から来たとの返事」。そこで藤野はヨシノザクラ（ヤマザクラ）と区別するため、ソメイヨシノ（染井吉野）として明治三三年（一九〇〇）日本園芸会雑誌九二号に発表しました。その翌年、東大の松村任三博士は、*Prunus Yedoensis Matsum.* 学名を与えました。以来ソメイヨシノは学者中心の研究対象となり、発見の動機となった藤野の論文は無視されるようになり、先駆者としての悲哀を大正一二年（一九二三）「園芸の友一六巻四項」の中で「染井吉野は予が東京上野公園桜花調査の時、付写せしめし名称にて……」と憤慨しているのがわたしにとっては印象的です。

その間、ソメイヨシノ関する研究の流れは次のとおりです。

一八六七年（明治八年）　田中芳男（パリ万博）・藤野寄命サクラの調査開始
一九〇〇年（明治三三年）　藤野寄命上野の桜を「ソメイヨシノ」と命名
一九〇一年　東大松村任三博士、ソメイヨシノ学名（*Prunus Yedoensis Matsum.*）を与える
一九一二年　Koenne・小泉（一九一三）ソメイヨシノの原産地として韓国済洲島説とする

一九一六年　Wilson　ソメイヨシノはオオシマザクラとエドヒガンの雑種と考える
一九六二年　国立遺伝研　竹中要　交雑実験でエドヒガン×オオシマザクラ（伊豆吉野）、オオシマザクラ×エドヒガン（天城吉野）を作出、Wilsonの雑種説を支持
フナバラヨシノ（船原峠）の選抜などからソメイヨシノの発生地を伊豆とする説

以上のような研究の歴史の中から世に登場したソメイヨシノは、明治以降その華麗な花の姿に日本人は魅了され、南は九州から北は北海道と日本全土を飾る花として植え足しが行われその管理が続けられています。

ソメイヨシノというサクラは本来、一本の木であったと想像されます。それがつぎ木などで増殖されて上野の山で発見されて以来、現在では日本全国に広く植栽され、全国では数万本とも言われ、しかも全てが遺伝的には全く均一の性質をもったクローン植物であり、そのため、日本列島に春を告げる植物としては最適です。ラジオやテレビで報じられる「サクラ前線」の情報は、植物気象学的にみて世界に類のない優れた植物の利用法だとわたしは考えています。結果論のようですが、わたし達日本は図らずもこのすばらしいサクラを開発し、

それを科学的な背景をもつ気象センサーとし生活に利用しているのです。事実は外国の人々に対して、もっと自慢してもよいと思います。ＴＶでアナウンスされる際にもこのことをもっと宣伝して頂きたいものです。

ヤマザクラの開花を目安に稲作では苗代の準備をした時代の話より、クローン化されたソメイヨシノはきわめて精度の高い気象センサーと言えます。ますます都市の公害問題や地球温暖化が問題となる昨今、ソメイヨシノは環境の変化を微妙にとらえることのできる唯一の植物です。

春を知らせる花に心を癒すだけでなくソメイヨシノはわたし達の生活環境を守る樹木として今後とも活用できる可能性を秘めています。その活用のアイデアを大切に守って行きたいものです。

都市に植栽されているタイワンフウ、スズカケノキ、またはユリノキはすべてタネから育てた実生苗木から成長した街路樹達です。しかし、ソメイヨシノの並木はすべてクローンです。この違いを学生演習で体得してもらおうと、大学前の世田谷通りのタイワンフウ二〇個体と構内グランド脇に植栽されているソメイヨシノの並木二〇個体の樹高、葉の形状測定を毎年実施してみました。

その結果は、タイワンフウは実生であるため樹高や葉の形状に大きな個体差が見られます。しかも毎年測定者が変わってもその傾向は一定していたのです。

一方のソメイヨシノの並木では、つぎ木クローンであるため樹高、葉の形状とも個体が違っても測定値は近似値を示しました。学生に街路樹の実生群の樹種とクローン群の樹種に現れる個体差の違いを体得させる試みは成功しました。

そこで、つぎの試みとして、一定の環境に植栽されたソメイヨシノ個体差は、植栽された環境の違いによって変動するのではないかと考えたのです。その意味から農大の環境植栽研究室での卒論のテーマにソメイヨシノの葉っぱで環境汚染度を測る試みを考えてみました。

まず車の交通のほとんどない学内のソメイヨシノの並木、比較的に車の多い通勤道路の千歳通り、一日中車の交通が絶えない世田谷大蔵通りのソメイヨシノの並木各一〇個体の葉っぱの形態変異を比較すると、もともとソメイヨシノの並木帯の個体差はないはずです。ところが車の交通量に比例して大きく個体差が現れることが葉の大きさ、葉のタテ・ヨコの形状比、葉脈数などに現れることが確認されました。まさに「サクラの葉っぱで都市環境を測る」です。東京都内でもソメイヨシノの並木は広く分散しています。今後、都内全体の葉っぱの測定をしてみてはと考えているところです。

しです。

もう一つの試みは、農大キャンパス周辺には桜丘、桜町、桜中学というようにサクラづくし町のソメイヨシノのサクラの並木も樹齢八〇年生から、五〇年、三〇年、二〇年生その成長状況を測定してみると、クローンであるが故に現在の若いソメイヨシノの並木が八〇年生となった時の成長や状況の変化がシミレーションされるわけです。ちなみに樹齢八〇年生となったソメイヨシノの並木街（世田谷区成城）での生育は樹高が三〇年頃より頭打ちとなりますが、幹の肥大成長は八〇年生となっても直径八〇センチメートルでまだ上昇の傾向が認められます。また樹冠の広がりは家屋側から圧迫を受けるため道路中央に傾き、幹も同様に道路側に七〇度に傾斜して行く傾向がみられます。このような調査は、ソメイヨシノが樹齢の違いを問わず遺伝的に均一であるためにえられる情報と考えています。

［参考文献］

本田正次・林弥栄：日本の桜（誠文堂新光社、東京、一九七四年）
中尾佐助（中央公論社、東京、一九七六年）

萩沼一男・田中隆荘：植研、五一（四）、一〇四〜一〇九（一九七六年）
岡部作一：東北大理科報、XL（四八五）、三九八〜四〇三（一九二七年）
竹中要：植物学雑誌、七五（七）、二七八〜二八七頁（一九六五）
林業試験場浅川実験林：浅川実験林のさくら、七三頁（一九八一年）

五章　桜の名品エドヒガンの名所を科学する

一　日本三大桜

五つの有名サクラが大正一一年、日本で最初に天然記念物として指定されました。中でも根尾谷の淡墨桜・山高神代桜・三春の滝桜は、日本のサクラを代表する名木として「日本の三大桜」と呼ばれています。いずれも一四〇〇年いや二〇〇〇年と推定されている高齢のサクラです。

これら三大桜はいずれもエドヒガンの野生種です。サクラ保存林に収集・分類された二五〇品種の中に、エドヒガン系として分類されるものが三二品種もあります。これらのすべては、各地の歴史的に由緒のあるサクラばかりです。その主なものをあげると三大桜のほか岩手県盛岡裁判所の石割桜、山形県白鷹町の種蒔桜、長野県豊丘村長沢公園の東彼岸、和歌山県川辺町の道成寺の入相桜などです。花粉分析の結果では、すべてが純然たる野生種のエドヒガンでした。その中で雑種性を示したものは愛媛県砥部町の姥桜などわずか一、二種です。

エドヒガンの分布は朝鮮半島、日本では九州から東北地方まで広い範囲の中部山岳地帯にみられます。北海道にはエドヒガンと思われる化石が発見されており、過去には津軽海峡の北にも存在したものと考えられています。関西以西に分布する暖地系のヤマザクラや比較的寒冷な高地に適応したオオヤマザクラ、一方伊豆半島のオオシマザクラや富士山周辺マメザクラのように局部的に分布するサクラと違って、エドヒガンの広範な適応力、そしてしだれ形質を内在して時には環境への適応力を高めるという、優れたサクラの種であることには疑う余地のないところです。

いかにエドヒガンと名の付く野生種の性質が他の種より強靱であるかが伺われます。その強靱さゆえに高齢となり、そこにサクラの伝説が生まれ、人々はこれを継承し守り育てて今日に及んでいるものと思われます。以下、エドヒガンという野生種である三大桜の長寿の秘密とその生きざまをたどって行きたいと思います。

「環境植栽学」という授業で、根尾谷の淡墨桜と山梨の神代桜の話をしたところ、その終わりに二人の学生が教壇にきて、その一人の小澤君は「うちの父は淡墨桜の管理しています」と云い、もう一人の鈴木さんは、「うちのお父さんは、神代桜を守っている人と懇意にしています」と伝えてくれました。「えっつ、そうですか、ぜひ君達のお父さんに会わせて下さい」と懇願にも似た約束を交わし、「老いては子に従え」の喩えもあるように、今日では先生も学生に従うこととなりました。これが縁となって、平成一〇年と一一年、淡墨桜を管理している小澤君のお父さんとお会いする機会を得ました。樽見鉄道の樽見駅前の根尾開発というビルで社長小沢建男氏に迎えられ二度にわたってサクラの管理についてのアイデアや苦労話などをうかがう機会を得ました。

また、三春の滝桜については、平成九年、当時修士の学生(現在福島県石川仲田種苗園社長)から、サクラの樹勢回復事業が開始され、ついてはそれに関するコメントを頂きたいという縁があり、平成一一年八月、その後のサクラの成育ぶりや三春町役場の地域整備課の深谷茂課長にもお会いする機会がありました。また、神代桜については群馬県戸隠の戸隠不動窯陶工の鈴木　実氏に大変お世話になりました。

二　根尾谷の淡墨ザクラ

樹令一四〇〇年余といわれる老大樹で、後の継体天皇が一八歳で根尾谷を去る時にお手植えになったという伝承があります。主幹の太さは根元が一二メートル、目通り幹周九メートルで、高さ四メートルでバランスよく四幹に分れ、四方にほぼ水平に幹を伸し、枝張はそれぞれ二〇数メートルに及んでいる。全体に枝の拡がりが大きく、豪華で、幹、枝の配置も適当であるため樹姿は極めて美しく、安定感がただよっています。

この淡墨桜はエドヒガンの野生種で、なかでも蕾は淡紅色ですが、花は満開で白色となり次第に淡墨色を常びることからこの名があります。しかし、継体天皇（当時一八才）の歌に「薄住《うすずみ》」とあり、したがって、このサクラの由来には歴史的なものと、花色の形容が重複しているようにわたしには感じられます。

以下、平成一一年四月一八日、満開のサクラの下で、先の小沢氏による青空教室でうかがった貴重なサクラの管理法や苦労話などの要点を述べることにします。その内容は科学的な根拠にもとずく治療技術や桜に対する思いなどでありました。

岐阜県本巣郡根尾村板所上段に所在し、樹高一七メートル。伝承樹齢一、四〇〇年、東の三春滝ザクラに対して西の横綱と云われている。花の時期には二〇万人の観光客が訪れる。、大垣駅から樽見鉄道で終点根尾駅に行くのが観光客の通常の計画とされている。

今日隆盛をきわめる淡墨桜も一時樹勢が衰え、文部省の調査で枯死は免れないであろうと認定された。昭和二四年春、老樹の起死回生の手術が施された。幹の周朗八〜一〇メートルの範囲をすべて掘り起こしたところ、巨根は枯死し、そこに無数の白蟻がいた。これを駆除し僅かに活力を持っていた根にヤマザクラの若い根二三八本が根つぎされたということです。

昭和三四年九月、猛烈な伊勢湾台風によって主幹を失い枝は折れ、樹勢は衰えた。昭和四〇年頃は全く花を着けなくなった。昭和四二年以降、国・県・村の共同事業として根を踏圧から守る。支柱を増設する。腐蝕物の除去、施肥などの保護への取り組みが進められ、桜は蘇った。その後も村は水田をなくし、住家を移転するなど保護区域の拡大と公園化事業を続けられた。前田利行氏の二三八本の根つぎ美談があるが、その際の土壌の耕うんの方が効果があったようだ（たしかにつぎ木の痕跡はないようで、サクラは自根の発生が顕著であり、長期的には後発的不親和という現象もあり氏の説は納得できるものがありました）。

平成二年度より、年間六〇〇〇万円ほどの予算で桜守事業が開始され、長さ一四メートル、末口一〇センチのヒノキの丸太を山から切り出しクレーン車を用いて支柱の取り替えを五年毎に行うことにした。支柱は雪害の雪吊りと台風対策のための二種類を行っている。

平成元年に「淡墨桜の枝部外科手術」を行った。患部におが屑を接着剤と混ぜてウレタンを充填している。そのウレタンを詰めた枝を鳥にいたずらされる。現在、森の精というヒバを精製した防腐剤を用いている。北側の幹は、これ以上腐食が進まないようにコーティングしている。

サクラは不定芽がよく出る。この枝は強靱で樹形誘導に用いたい。三年ほど前から幹の中に根を出しいるのを（自根）、土壌改良材を入れた竹の筒を用い根を地中へ誘導する試みを行っている。梅雨時には幹から根が出るが、土用（夏季）になると枯れてくる（サクラの古木によく見られる現象）。

「淡墨桜」の下には地下水が流れているので、この栄養を吸ってよく育っているようだ。渇水の時はこの地下水があるから水がなくなったりすることもなかった。このような条件がこの桜を長寿にしていると思われる。

このほか、サクラの管理に関する専門的な話は尽きないが、氏の子供の頃はよくこの木に登って遊んだ。宇野千代さんが世間に売り出してくれて、ここも公園化された。ここは地味が肥えているので施肥はしない。鳥という天敵がいるので病虫害の防除はやらなくてすむ。ただし、ムクドリが来て花芽を食べてしまう。春先に花芽を食べられないように鳥おどしを行うが、鳥は慣れてしまって効き目薄である。さらに平成八年の岐阜大学農学部林進教授の指導による淡墨桜に延命手術などのほか、話によると宇野千代さんの文学活動以前はみすぼらしい淡墨桜であったが、近年は近代的な管理下におかれ多くの観光客を眺めているサクラの気持ちは、いかがなものでしょうか。多岐にわたる青空教室での授業はまだまだ奥深いものがありますが、そのサクラにこだわっている先生の説得力を強く感じ、ここでのサクラ管理のノウハウによって、サクラの命を将来につなぐ人間の知恵であり、それはこの淡墨桜によって確立されているように、わたしには感じられました。

三　山高神代ザクラ

山梨県北巨摩郡武川村、南アルプス甲斐駒ケ岳の残雪を背景にこの神代桜は四月中旬に花を咲かせています。日蓮宗実相寺境内に生育するこのサクラの樹齢は二〇〇〇年と言われ、日本武尊が東征の帰途植えたとの伝承があり、まさに「神代桜」の名を想わせる風貌です。

また文永一一年（一二七四）日蓮上人がこの木の衰えを見て回復を祈念したところ樹勢を取り戻したとも伝えられています。最近の根周りは一三・五メートル。これに対し、主幹の高さはわずか二・五メートルです。

この種はエドヒガンで開花時の桃色の花がやがて白色となるのでシロヒガンとも呼ばれています。樹勢盛んなころは樹高は三〇メートル以上あったといわれるが、長年の風雪によって主幹が折れ、四メートルほどの高さを残す主幹の上に屋根が掛けられている。それでも根周りの貫禄は十分で、四月十日前後の見ごろには三万人もの人々が訪れ、カメラの砲列ができています。

木は古寺・実相寺の本堂西にあり、根尾谷の淡墨桜と並び日本一の老桜として著名です。根回り約一三・五メートルで空洞には近年、屋根を被せ支柱が施されていますが。空洞の屋根もやや過保護にすぎるように思われます。植物は本来、自分の力で状況に応じて生きていこうとする力があり、管理の仕方にも根尾の淡墨桜のような配慮が必要と思われます。

また、このサクラは寺の境内でもあり、南側はアスファルトの道路の内側に五メートル四方の枠の中で必死で生きているようです。

この状況について水上勉は『在所の桜』（立風書房、一九九一年）でつぎのように嘆いています。以下引用させていただきます。

「じつは哀れな老樹を見てしまったからだ。山梨県北巨摩群鳥川村にある〝神代桜〟である。神代桜は実相寺の境内にあるが、胸高周囲三十五尺、樹梢の高さ四十五尺、枝張り東西一五間南北十七間と記録されているから、化け物みたいな大桜である。三好博士の説だと、花は群彼岸といい、花の咲きはじめは紅をおびるが、白色に変わるという白彼岸科の珍しい厚桜である。日本で最古最大といわれるから、おそらく世界最古最大とみてよい。伝えられるところだと、千八百十余年前、日本武尊《やまとたけるのみこと》が東征の際にこの地にとどまられた記念に植えられたと云われ、また日蓮上人はこの地を巡錫《じゅんしゃく》された際、桜がすでに衰えはじめているので、樹勢回復を祈られたという説話も残っている。寺は日蓮宗身延山の末寺だから、うなずける話である」。

「例の岐阜県根尾の薄墨桜は、千四、五百年と言われるから、こっちの方が親玉だ、さてそれでは、今日の樹勢はどうかというと、私のみるところでは、尾根に軍配があがって、もはや実相寺の老桜は生死の境をさまよっている。」

「根づよいもので、今年も支幹の枝先には、そこいらの五十年生くらいの桜にまけぬほどの若やいだ花が咲いていたが、痛ましいのは、本幹の折れていることと、大幹が折れていることと、大幹が空洞になって枯れかけている中に、すこしは、完全に生きている支幹もみられるのに、巨根を厚い石垣が正方形に狭く根一杯に取りまいてしまっていることである。」

巨大の樹の根を、まるで大箱に入れたように石で囲んでしまう神経は、木を惨殺する行為である。石で囲めば、夏は土がむれる。根はくさる。世界最古、日本最古の樹木、しかも、それが国華である桜であるとすれば、国の宝ともいうべき大事な桜なのに、どうして、このような残酷な石垣で囲うのか根をいじめてとりすましている人の気が知れない。木を口で囲んで困ると書く。困ることを平気でやっている。寺側はひょっとしたら、大木は深く根を張っているから、これしきの囲いぐらいは大丈夫だろうと思っておられるやもしれぬが、それにしても石垣は高すぎるのである。根のくされかけている様子が素人の眼にもわかる。すべからく、垣を解いてやり、付近の道路を埋め新しい根が生きるように守ってやるべきであろう。」

水上勉が云うように、口の中に木を入れると困るという文字になるように、このサクラの虐待ぶりが将来にわたって気になります。また、幹が空洞となるというので幹の中央に屋根を設けているのも将来的には問題があるようにおもいます。これは中心部を陰にするため新しい枝の発生を阻害し側枝のみが横に伸びることになるのです。さらにこの幹を南側から眺めると樹皮がでこぼこに痛んでいます。これに反して北側の樹皮は滑らかな幹をしています。

このことは、冬季において日中、南側は陽光を受け、夜間になると冷却されその温度差によって幹の形成層に障害を受けた結果と考えられます。このことは寒冷地の北京やモスクワに日本のサクラを植えた際に生ずる凍結障害と酷似しています。機会があったら花をみるより幹の肌を南側から北側に回って見比べて下さい。この木が風雪の中で、いかに必死で生きてきたかを年輪のよう見せている姿がわかるはずです。

このサクラを見て二〇号線を東京に向かっての帰り道、韮崎市役所の南に、郵便局のポスターにもあったエドヒガンの桜が目を引きます。この桜は韮崎段丘のほぼ中央に武田と北宮の間にあるこんもりと盛り上がった王仁塚。武田王の墓、または前方後円墳などの諸説がある丘に、忽然と立っているエドヒガンの巨木は、かなり風の影響などのある環境であるのに完全な樹形で元気よく生きている姿が、さきの神代桜の環境の悪さに滅入った心を癒してくれます。で幹は逆境に耐えてきたかのように若干左にひねりながら樹冠を傘状にいかにも孤独ですが素直な感じで生きているサクラです。平成一一年四月九日観察では、樹高一三メートル、樹冠の直径は一五メートルでした。

四　三春の滝桜

三春の滝ザクラは野生種のヒガンザクラで（ベニシダレ）、三大桜の中で唯一しだれ形質を示す優雅なサクラで、四方に伸びた枝が下垂した様子はまるで花の滝を思わせます。樹齢は推定一〇〇〇年、樹高一二メートル、胸高幹囲九・五メートル、枝張りは東西二二メートル、南北一七メートル、開花期は四月中旬と云われています。JR磐越東線三春駅より約八キロ、車では磐越自動車道「船引・三春」ICより八キロの位置に生育しています。

三春は五万五千石の城下町で梅、桜、桃が一時に花を開くということからの名といわれ、落ち着いた、たたずまいのある町で、正保二年（一六四五）、三春藩主が封ぜられた時すでにこの桜は大木であったと記され、藩は周囲の畑の税を免じ、柵を設けて保護したという記録があります。

近年は開花期ともなれば福島県観光のメインコースとなり、人々が数珠繋ぎとなって押し寄せ、新たな柵の回りに板を渡して根元を踏みつけぬよう苦肉の策がなされています。

三春滝ザクラの所在は、福島県の三春町大字滝字桜久保で、その地名の「三春」とは、春になると梅、桃、桜の三種が同時に開花するので三春の名がついたと云われています。「桜久保」久保の小字名は、滝ザクラの生育している窪地を意味し、また大字名の「滝」は、明治の町村制以前にも「滝村」の記載があり、滝ザクラの枝が殆ど地上に達し、その花が滝のように見えること、また村の北に沿って流れる大滝根川の三階滝・不動滝とよばれる滝に因んで「滝」が当てられたという二説があます。現在、その滝は、三春ダム建設によって桜湖に沈んでいます。このように季節、植物、自然の形容からの組み合わせで出来た地名を思うとつい楽しくなります。一九二二年（大正一一年一〇月）巨木として国の天然記念物に指定されています。

三つの有名なサクラのうち、淡墨桜では継体天皇、神代桜は日本武尊の伝承があるのに対してこの三春の滝桜には、不思議とそのような言い伝えがありません。ただ天保七年（一八三六）の「滝佐久良の記」の記録によれば、秋田氏が三春の城主になった正保二年（一六四五）には、すでに大木になっていたとあり。また当時の三春藩は、サクラ周囲の畑を耕作している者に対しては年貢を免除し、サクラには柵を設けて保護したと云う記録があるのみです。

地元の古老によれば、幹に大きな空洞があり、子供には格好のかくれんぼの遊び場になっていたようです。昭和三七年七月、強風によって南方へ立ち上がる大枝に亀裂が入り、調査のため主幹の上に登った時、径四〇センチメートル程の不定根数本が空洞の中にあって螺旋状をなし、これを伝って地面に降りることができ、また空洞内部の不定根は成長して結合し、新しい幹になろうとしているように見え、サクラの長寿の秘訣はこの再生力が要因の一つになったという観察記録など、まさにサクラの性質をこの滝ザクラによって見抜いたものと感銘さえ覚えます。

幹から自根が発生する現象は、さきの根尾の淡墨桜でも観察されており、そこでは竹筒によって地下に誘導しようとする試みが注目されました。サクラが年を経たり環境に適応するためには、幹から自根を出し、また不定芽をだして生きているのです。

このようなサクラの性質は、どのようにして生まれたか、サクラは子孫を残すため、すべて小鳥や昆虫に委ねなければなりません。もし、その伝播者が存在しない状況が生じたときサクラはどうして生きるか、それは自根やひこばえを容易に発生する機能を進化の過程で獲得したものと考えるのです。では何故、簡単に根や芽を出すかと言えば、サクラの樹皮には呼吸のできる「皮目《ひもく》」という組織が他の樹種より発達しているからです。

三春町のシンボルでもある滝ザクラは、これまでの淡墨桜や神代桜と違いエドヒガンの中で唯一しだれ形質を発現したサクラの巨樹です。三春町を含む旧田村郡一帯は、しだれのエドヒガンの植栽が多く、地域の風景の特徴のひとつともなっています。事実、車でこの滝ザクラに到達するまでに多くのしだれザクラを見かけます。シダレザクラの点在は、現在郡山市域に入っている西田町・中田町・田村町などでも見かけることができます。

昭和四八年九月、郡山市中田町在住の木目沢伝重郎と三春町の柳招青四郎の調査による「田村の桜紅枝垂集録」によれば、根囲り一メートル以上の個体は四〇〇本余りで、神社仏閣、城館跡、武家屋敷、庄屋屋敷に多く、三春滝ザクラから離れるほど少なくなる傾向があり、これらエドヒガンのしだれザクラは、三春の滝ザクラが親木であろうと推定しています。

三春町内では滝ザクラの実生による苗木作りが盛んです。近くにソメイヨシノがあると、雑種ができ、しだれてもソメイヨシノの花を着けてしまうことがあり、またタネの発芽率はよいが、しだれる形質の発現は一割ほどだったといいます。

これらの記載に対して考えられたことは、実生苗にしだれ形質の発現が一割程度である理由は、しだれの対立遺伝子に対して樹形の正常なものが優性遺伝の法則にしたがっている証拠だと言うことになります。

この実事を平成一二年二月二八日、未だ蕾の時期の樹型の写真が撮りたくて、三春の滝桜を訪れました。偶然田村地区の民家の苗に、背丈三メートル程の長めの実生のサクラの植込みから発見しました。計二七本が植えられている苗木のほとんどは、正常な樹型ですが、中に三本のしだれが目を引きます。これをしだれの分離比とみれば、やはり一割程度のしだれの出現率ということになります。なぜ三本だけがしだれ形質を示すのか。

この理由について考えてみます。

サクラは自家不和合性がとても強い木です。したがって自分の花粉がめしべについてもぜったいに実を結ばないのです。三春の滝桜からのタネを拾って播くと、そのほとんどが発芽します。これは他の木の花粉がかかつた証拠です。すぐ近くの小高いところにはソメイヨシノの二〇本ほどの並木があり、花粉はそこから運ばれたと考えることができます。花がソメイヨシノに似ているというのも、これを証明しています。

ソメイヨシノの樹形はしだれでなく正常です。この遺伝子はAの優性遺伝子です。これがしだれ形質の三春の滝ザクラの遺伝子型aの劣性遺伝と組み合わせられるとAaとなりその子供のほとんどは、優性Aの支配を受けて見かけ上は正常型の苗となるのです。ところが三本のしだれ形質を示す苗の存在です。この理由は、いくら自家和合性の強いサクラでも、わずかに自殖の子供を作るチャンスを持っていることの結果だと考えることができます。

自殖をすれば、すべてしだれ形質が出るはずです。このことからも少ないチャンスと言えます。しかしこの形質の出現は不慮の事態に必要な形質であり、風に対する抵抗性に優れ、長生き・秘訣にもなっているのです。前項で述べた正常型のミカドヨシノには、しだれの花粉がかかり、その子供にわずかなしだれ形質の子供ができたことから、ミカドヨシノの遺伝子型はＡａと考えましたが……。

この三春の滝ザクラには、近くの正常型ソメイヨシノのＡの花粉がかかって、わずかにしだれ形質が出現した、したがって、その遺伝子型はａａの劣性ホモという推論がなり立ちます。

ここで注目したいのは、自殖によってしだれ形質の苗木がその親である三春の滝ザクラと遺伝的に同一であるかということです。子供には他の遺伝子間で、多くの組み換えで生じているはずですから、親木と遺伝的に同一とは言えず、やはり、三春の滝ザクラそのものを保存するにはつぎ木やとり木によるクローン化が大切かと思われます。

三春の滝ザクラの生育環境は、小高いところに畑がありその斜面の中央コロシアム状の凹地にその個体はあります。この恵まれた環境でも一〇〇〇年という歳月には、サクラの衰えもみられます。平成八年一〇月「緑の文化財等診断報告書」にもとずく、サクラの回復事業が三年計画で開始されました。そのころ前述の仲田氏（卒業生）から側面的な相談が持ちかけられました。わたしはサクラの性質などを勘案し、根部の土壌耕うん、施肥などに加えたほかに、土壌には空気を与えるため通気管の埋設を薦めておきました。地形からして降雨などによる排水は十分と考えたからです。しかし土壌中の空気の停滞が少し気になっていました。

あれから三年目の平成一一年八月一五日、東京農大成人学校の生徒さんらと三春を訪れる機会がありました。真夏の強烈な太陽の下で見た三春の滝ザクラは、樹冠いっぱいに濃緑色の葉を茂らせ、その枝葉は地表に届かんばかりです。そのサクラの活力の旺盛なことには「わーっ、すごーい……」と思わずため息をもらしてしまいました。回復施工実施より、ようやく三年目にして、手当ての効果が現れたのだと自慢したい気持ちでした。一般に樹木を移植したり、施肥を施したりした後、肉眼的にその効果が確認できるのは、不思議に三年目です。その間、施工者は気をもむことになります。

活性化した滝ザクラザの成長ぶりに興奮したまま、仲田氏からセットして頂いた三春町役場のサクラの担当である深谷　茂　地域整備課長とお会いすることが出来ました。話の内容はサクラの管理や生育状況についての勉強会です。話題は初年度の土壌回復施工後の効果について不安があったこと。今後のサクラとの付き合い方などについてのざっくばらんなお話し合いでした。三年目のサクラのすばらしい生育状況の確認と、担当者の労をねぎらうことに終始しました。最後に担当課長から今後のサクラの管理をどのように考えるかと意見を求められ、わたしは「これまでに一〇〇〇年のサクラを見せてもらった。今後は一〇〇〇年先のサクラのために知恵をしぼることでしょう」と答えておきました。

三春町には関係団体・個人合わせて四〇〇人余りの会員を擁して日本一のさくらの里に育てようという「三春さくらの会」が昭和六十三年に発足しています。官民をあげたこの運動は将来の一〇〇〇年にむかっての活動として声援を送ります。

［参考文献］

淡墨桜の生命力と「桜守」：岐阜県林業センター（一九九六年）
平成一〇年度日本樹木医会岐阜大会（一九九八年）
緑の文化財等調査診断報告書（一九九六年）
天然記念物「滝ザクラ」樹勢回復ならびに環境整備計画書：福島県三春町役場（一九九六年）
日本の桜：（山と溪谷社、一九九三年）

水上　勉：在所の桜（立風書房、一九九一年）
木目沢伝重郎・柳招青四郎：田村の桜紅枝垂集録（一九七三年）

六章　桜を守る

一　ソメイヨシノの並木と内生エチレン

ソメイヨシノは、一斉に開花し、花も美しく、気候風土の適応性が高いことなどから、各地の公園木や並木樹としてイチョウに次ぎ多く植栽され、わたし達にとっても身近な品種です。この品種は、接木で増やされたクローンの個体であり、遺伝的に同一であるために植物気象学的にはサクラ前線の予測のほか、植栽環境の違いを知る上での指標として優れた樹木と考えられます。

ここでは、遺伝的均一なソメイヨシノの並木が成長するにつれて、隣接する個体同士の樹冠で枝葉が接触することによって生じる生育障害（ストレス）についての話をします。

東京農業大学構内のグランドに昭和四三年（一九六八）、列状に植栽された樹齢約三〇年のソメイヨシノの並木が生育しています。一方同学の南側に面する世田谷通りの街路樹にはタイワンフウ（推定樹齢二五年生）が街路樹として植栽されています。

これらの二つの樹種の違いは、ソメイヨシノはつぎ木で増やされたクローンであり、タイワンフウは実生で育てた個体という点です。学生演習では、このことを理解してもらうため平成四年（一九九二）より平成一〇年（一九九八）の八年間、個体ごとに葉っぱの形態変化や、樹高成長や幹の肥大成長の測定を行いました。

ところが最近になって、ソメイヨシノの並木の基部からのひこばえ（萌芽枝）の多量発生が観察されるようになったのです。幹の成長の年次変化をみるとひこばえの発生が気になる頃から成長曲線の下向がみられるようになりました。一方のタイワンフウの並木にはそれらしい現象は見られません。

またソメイヨシノの並木帯では、成長を阻害するような電線や建築物などは一切存在しないのです。生育環境の良い並木に生じた異変を不思議に思いながら、樹冠を眺めていると、「はっと」思いつくことがありました。隣接する樹冠の枝葉がひどくは重なり合っているのです。枝の絡み合いの原因はクローンの植物のため、お互いを他人と認知しないのではないかという考え方が成立します。

たとえば、一、個体間の樹冠の枝の絡み合いは、一種のストレスを生じる。二、樹冠にストレスが生じるとそこには内生的なエチレンが発生する。三、エチレンの発生は森林樹木や街路樹などが隣接した場合、樹冠に隙間を作る。四、ソメイヨシノでも同様の内生エチレンの作用があるなどです。

事実、熱帯林のフタバガキ科樹木の林やスギ林においては、隣の樹冠が接触すると相互に枝の成長を止めて枝の交錯を防いでいるのです。そのために、下から見るとあたかもジグソーパズルの如く樹冠に隙間がみられます。また、丸く刈られたウバメガシ街路樹の場合、自動車の通行の接触により樹冠の変形が生じてヘルメット型の凹みが生じ、さらにシダレヤナギの並木では、歩行者の通る頭の部分で接触が起こり枝の伸長が止まり剪定したかのようにみえます。

このように、樹木が外部から物理的な刺激が加えられると、「内生エチレン」が発生します。エチレンは、オーキシンやジベレリンといった生長を促進するホルモンとは異なり、生長点における伸長生長の抑制、果樹の成熟促進、花芽分化・開花の促進などに作用する一種のホルモンです。具体的には、街路樹のウバメガシやシダレヤナギの樹形の変化に現れています。

サクラの並木では、上部に電線や建物があると萌芽枝の発生がみられますが、ここでのソメイヨシノの並木にみられるひこばえの発生も同様の原因で生じたものと考えられます。以上からソメイヨシノの並木を管理する上で、樹冠の接触がみられた場合は、樹勢の弱い個体の間引き、あるいは樹冠が接触しないように整枝剪定等の処置が必要と思われます。今後もサクラの植栽管理の実態調査を継続的に行い、管理マニュアルについて検討していくべきである考えます。

二　京都哲学の道のサクラ（幹からの自根）

わたしは、東京農大で平成四年から平成一一年まで環境植栽演習の授業を担当しました。毎年夏休みを利用して二〇名ほどの学生諸君との京都研修の旅です。日本人の文化や思想がいっぱい詰まった寺院の日本庭園や植物園の見学とその植栽法や管理法を学ぶのです。銀閣寺から南禅寺へ通ずる「哲学の道」は、琵琶湖疎水が引かれ、清らかに流れています。春三月には、サクラが開花し、散り急いだ花びらが疎水を流れて行きます。目を転じて堤をはさんで植えられたサクラ並木を良く見ると幹から自根が多数発生して、

京都哲学の道のサクラ

傷だらけとなっています。わたし達に助けを求めているかのようです。しかし、花のみに気をとられた人々はそれには気づくことはないのです。サクラが幹から自根を出す原因は、成長するにつれて根に障害物があり行き場をなくした時に生じる一種のストレスです。

早速わたし達は、サクラの気持ちを察して「京都哲学の道に植栽されたサクラ並木の衰退現象」というテーマで、各サクラの個体調査を行うことにしました。

哲学の道の銀閣寺に通じる橋から南に向かっての若王子橋に至る一・八キロの疏水の堤の両側に植栽されているサクラの種類は現在、ソメイヨシノが二一二本（全本数の五六％）で最も多く、次いでサトザクラ八六本（同二三％）、オオシマザクラ五九本（同一六％）、ヤマザクラ九本、ベニシダレ七本、イヌザクラ六本、ウワミズザクラ一本の順で合計三八〇本でありました。

記録によれば、ソメイヨシノの植栽は大正一一年（一九二二年）に日本画壇の巨匠である橋本関雪とよね夫人により行われ、近年ではサトザクラやオオシマザクラの植え足しがなされています。花期が異なる種で観賞期間を長引かせて観光客の誘致に役立てようとする植栽計画がうかがえます。これらの推定樹齢は一五年～八〇年生です。

また、銀閣寺橋付近のソメイヨシノ並木で自根の発生率は約八割の個体に枯死寸前や亀裂などの傷害が観察されました。もともとソメイヨシノの根は浅根性と言われており、疎水の堀の敷石に阻まれたサクラの根は十分に伸長できず、パニックを起こしているのです。

その原因は、個体の高齢化や、狭い石垣や、歩行者の踏圧による根の成長阻害などにあると考えられます。今後は、これらの調査を各地に拡大し、サクラ並木の健全度を把握することと、およびその管理のマニュアル化が必要と思われました。

三　瀬戸の島にネパールのヒマラヤザクラが育つ

広島県三原市から高速艇で約二〇分の因島に㈱グリーンテックという屋内緑化の研究を中心とする会社が設立されています。平成二年、私はそこの研究顧問として一時籍を置き樹木の耐陰性の実験を行いながら秋咲き性の、ヒマラヤザクラの開発を提案しました。

平成三年一〇月、若い研究員と二人でネパールの首都カトマンドゥを訪れ、カカニ、ナガルコットの丘を歩き回り、日本の風土に適応し、花も美しいヒマラヤザクラの優良個体を探し出し、組織培養で増やすためのサンプル（枝）を日本に持ち帰りました。

それから五年、ヒマラヤザクラの苗は瀬戸の海を見下ろす丘の苗畑で、立派に育つことが立証され、この秋には花も咲かせるようになりました。

また、最近の研究によればヒマラヤザクラの二酸化炭素の吸収量は、これまで最も高い値を示すソメイヨシノより、約四倍もの高い吸収量を示すことが報告され本種の特徴が秋に咲く珍しいサクラというイメージだけでなく、都市環境にもふさわしい樹種として注目を集めるようになりました。

秋に咲く日本のサクラ品種の謎から端を発し、ネパール地方で、純然たる秋咲き性のヒマラヤザクラの種の存在を知りました。その不思議な現象を通して、落ち穂拾いの心境で観察していると、日本のサクラの生態がよく見えてきます。

日本のサクラが春に咲くことや、花びらを一気に散らす美しさも、その全てが生き残るためのメカニズムであると解されます。しかし、これらはみな日本の風土の中で育まれた素晴らしい特性として評価されてよいでしょう。

日本人の持つサクラへの憧憬、そして花の美学を海外でも大いに理解していただきたいものです。

また、サクラを通して、ネパールの研究者との交流の中で、サクラを利用した産業的寄与について、未来に夢を託しています。たとえばカトマンドゥから西へ一六〇キロメートル離れたリゾート地帯、ヒマラヤの山々が近くに望めるポッカラの町の湖畔に、サクラ並木をつくる夢。さらにヒマラヤザクラが持つ秋咲き性と花びらの散らない特性から切り花としての利用、密の多いサクラであることから「サクラの蜜」の産業か、さらに環境にも優れた特性を持つサクラの選抜とそのクローンによる景観づくりなどが上げられます。またサクラの利用開発はヒマラヤザクラや日本のサクラとの形質組み合わせによってもその付加価値を高めることが可能と考えられ、サクラは、私たちの生活に役立つ特性を花・葉・匂い・材とあらゆる器官から引き出すことのできる樹種といえます。

さて、「サクラの来た道」のテーマは、遠くネパール地方に自生するヒマラヤザクラほか二種の近縁種を起源とし、「日本列島に新たな種の分化をもたらした」という仮説を実証しようとするものです。その過程において、先きに述べた因島におけるヒマラヤザクラの育成の成功。最近では、ハノイ市で行われた日本のサクラの祭典の成功もありました。

一方、忘れてならないのは、ネパールのビレンドラ国王から贈られた熱海市下多賀に生きている二五年生のヒマラヤザクラ三個体です。この樹は私の研究を進める上に多くの有益な示唆を与えてくれました。今後は、このヒマラヤザクラがサクラの研究や産業に貢献し、その成果がネパールの産業となり、日本との間に「サクラの来た道」という架け橋になることを願うものです。日本におけるヒマラヤザクラの育成の成功は社員の努力もさることながらネパールのネパールバイオナーセリー研究所長 Dr. Shrestha のご支援におうところが多い。

四　サクラ切る馬鹿、切らぬ馬鹿（遠野のサクラ）

平成九年七月七日東京農大造園学科一八期生の卒業生で日出忠英氏という方から次のようなファックスを頂きました。氏は、卒業後、京都の中根庭園研究所で丸三年中根金作先生に師事し、その後、郷里に戻り独立自営に二〇年になることが書き添えてありました。依頼の主旨は自分の懇意にしている遠野市の同業者より岩手県遠野市の中心にある鍋倉城跡公園の桜（ソメイヨシノ）の生育が近年衰退しその回復策などについて現場での指導を頂きたいという内容でした。

遠野総合園芸センター有限会社井手産業の井出邦明氏に紹介され、遠野市から同公園の桜回復事業の一環であることを知らされました。

早速、遠野市の現場に赴いて遠野市観光課の係員と共に鍋倉城公園の桜の健康状態の診断およびその回復策についての検討に着手しました。

城跡公園の城下、神社付近の林相はケヤキ、スギ、カエデ、クヌギなどの樹高一五～二〇メートル程度の林が発達し、夏期の緑陰は鬱蒼とした景観を示していました。外来樹種のニセアカシアが混入しており、今後、郷土樹で林を構成するという考え方に立てば排除する必要があると考えられました。

城の中層付近の石段および神社周辺には、三〇年生以上の老齢化したサクラ（イヌザクラ、エドヒガン、ソメイヨシノなど）が他樹種に被圧され、サクラ本来の樹形は全く見られない状態となっていました。

城の上層、天守閣付近は平坦で、ソメイヨシノの推定樹令四〇年、樹高七〜九メートル、幹径五〇センチの数十本の列植があり、各個体の殆どはテング巣病に罹り瀕死の状態でした。この原因は南面の落葉樹林が旺盛となり、サクラを被圧し、かつ風通しを悪くしていることが推察されました。

この一帯は、以前から市民がサクラを鑑賞した唯一のスペースであり、その復活の意味からも現存のサクラを生かしながら、後継樹を植栽するなどを考えていくことのほうが良いと判断されました。また、この平地の東部には樹形の良いモニュメント的なケヤキの大木がありケヤキを生かす意味でその保護管理が考えられました。

サクラの健康状態の現状とその回復策についてはは担当者よりサクラのテング巣病の除去についいて、「桜切る馬鹿切らぬ馬鹿」という事がありますが、という質問があり、その答えとしてわたしは瀕死の状態では切除以外には手立てがないとまた、その諺はウメの短枝に花がつくことからウメを剪定しなさいという反語ですと、反論しました。

そこでサクラの切断方法としては、大小の枝の直径ごとに記録をしてその切り口部の回復を観察し記録することを薦めました。その結果は、これから各地で生じる衰退したソメイヨシノの回復策の有効な知見として必要だと強調しました。たとえ回復事業だとしても枝の切断後や、強度な剪定や樹形回復を時系列的に観察することの重要性を説いたものです。東京農大卒の日出氏は「まるで学生時代の実験を思い出します」と懐かしそうでした。

また、帰省時には遠野市市役所、多田良城収入役との話の中で桜は、華やかに花を咲かせている時期は二〇年前後であり、その後は、よほど条件の良い環境でない限り、次第に衰退期に入り枯死に至ること、サクラは他の樹木に比べて、毎年、木一杯に花を咲かせる運命であれば、その命も短くなるのではないかと説明しました。

その場で貴重な『遠野重要事誌梗概』の編集本を頂き、その中で、「泰山□君」の「ふ」の字が不明だと言われ不明だということについて京都府の「府」であることを述べました。

なお「泰山府君」の名の由来は、中国の道教の神様の意で「道教」は仏教、儒教、老子の教えを混ぜた中国の民間信仰であり、不老長寿や現世の幸福を願うのを目的としたこの「泰山府君」というサクラの品種には、その神に、花の命の長寿と良く咲く事を願ったところ、その願いが叶ったサクラだという伝えがあります。

その後三年目の平成一一年一〇月、わたしは鍋倉城のソメイヨシノの回復状況をみる機会がありました。本丸跡の碑には、標高三四三メートル、平正年（一五七三年）阿曽沼氏の城として鍋倉山に構築されたとあり三年前、サクラの管理を依頼された後のサクラは完全に回復したように見受けられ、周辺の木々は整理され風通しの良い環境となっていました。

四〇年間庭を管理しているという庭師のおじさんの話では、「今年の春から花着きが大変良くなった」といううれしい話題もあり、サクラの枝を切ったことが良い結果をもたらしていることを知りました。しかし、現在のサクラの平均樹高五メートル、平均直径は六十センチで樹冠の広さは南側の枝が少なくなり樹形は必ずしも良好ではないように思われました。

また、遠野の歴史によるサクラの再現植栽、本丸跡の台地の東から南に向かった斜面につぎの順序でサクラの品種が植栽されていました。東斜面から花笠、紅華、妹背、楊貴妃、松月、泰山府君、普賢像、御衣黄など一二品種の植栽です。樹高は平均四、五メートルで細長い樹形でまだ不整でした今後の生長を愉しみにしています。

そこのサクラは、次のような碑の説明がありました。「桜の知識を啓発すると共に桜の趣味を涵養せんとの目的に依り遠野桜の会を組織す。町内の桜花各種を陣列の中に鴬の尾、御衣黄、関山、虎の尾、普賢像、泰山府君、山桜、西行、松月、楊貴妃、大提灯などが注目の的となった。なお、将来、範囲を広き遠野一園に拡張し桜の標本園を設ける希望もあったという」（鍋倉城趾に桜の名所を復活を遠野ライオンズクラブの奉仕によりその名木を植栽す。平成九年十月　遠野市）。

五　ハノイにサクラを植える

日本のサクラを暖かい国のハノイやパラグアイで、育てて春に花を咲かせようと願う時、不思議なことに三・四・五月になっても目覚めが悪いのです。例えば、サクラを日本から持っていき植えてもつぎの春になっても他の周りの郷土樹は早々と芽を開葉しているのに、サクラの芽は未だ眠ったままで目覚める気配がありません。夏のネムノキのように開葉が遅いのです。

それは何故か？　と、地元では心配した様子で外電がかかります。冬の寒さが暖かい所から寒い所へと少しずつ寒さが来るということで、秋に葉を落として休眠に入ります。芽をさます条件として、サクラの場合は四～五℃の温度が必要となります。その低温が暖かい国ではは足らないのです。

逆に、北京やモスクワなどの寒い国では日本のサクラを持っていき植えると、低温は十分で芽を開きます。

熱海のヒマラヤザクラは、いつもの年よりも一〇日ほど遅れて一二月一〇日に開花しました。そんなとき、「日本さくらの会」より電話があり、ある企業がベトナムのハノイ市に日本のサクラを贈りたい。ついては、その植栽の指導に行って欲しいとのことでした。

サクラは古くから日本人の愛する花木です。長い冬から春を告げて咲く花に胸が熱くなるような郷愁さえ感じます。

だからと言って、「他国の異文化の中に日本のサクラが素直に受け入れられるものだろうか」、また、さきの大戦で日本の犯した罪とサクラの散り際の良さが重なって、「サクラが果たして国際親善の使節になりうるのか」と考えた事もあります。

一二月半ば、ハノイの三井物産事務所の樋口と名乗る方から国際電話があり、「東京大手町三井物産ビル一階のツーリストで、訪越のビザの申請、航空券等の手続きをしてハノイへ来て下さい。私はハノイ空港で厚いビニールのノートを抱えて出迎えております」といかにも商社マンらしい適切で簡潔な指示でした。

年末のあわただしい時間をぬって手続きを済ませ、平成七年一二月二五日の一一：〇〇に成田空港を発ち、台北空港で乗り継ぎをしてハノイ空港に着いたのは夕方の八時過ぎ、薄暗い空港で出迎えて下さった樋口氏はすぐそれとわかりました。ランドクルーザーで宿舎のホテルに案内され、フロントの受付嬢に「日本のサンタクロースが来ました」と挨拶するとこれが意外と受けました。ハノイのクリスマスイブのイルミネーションが控えめに輝いて見えました。

ハノイの目覚めは早く、街は自転車やバイクの洪水です。信号機はほとんど無い幅広い道路を無秩序の中の秩序、東洋的とでも言うのか大きな事故もなく流れています。一〇〇年前のフランス支配時代の西洋風の建物、遊歩道には大きなクワ科やマメ科の街路樹が空を覆っていました。人々の表情は明るく、あの戦禍の影はどこにも見あたらないハノイの風情でした。

ハノイ市長と三井物産との間で日本のサクラを贈ることとの会議がもたれ、その式典は二月八日と決まり、植栽地は街の中心にあるレーニン公園と決まりました。園内には豊かな樹林と、満面に水をたたえた大きな湖があって、亜熱帯の気候とはいえ日本のサクラの生育条件としては良しとしよう。また、修景的にもこの公園には良くマッチするし、常緑樹の多い林と湖面には、サクラの花が良く似合うはずと早くもその日のことを夢みてしまいました。

しかし、土には問題があります。大昔、街の北部を流れる大きなホン川から流された土砂の堆積による土壌は、細かい粒子の粘土です。この土は雨が降ると排水が悪く、水を吸うと堅いレンガ状になる代物。しかし、酸度は六・五程度でサクラにとってはまずまずと思われました。

日本を発つとき、植物検疫を済ませたオオシマザクラとカンヒザクラの計一〇本を持参し、植栽の実技をすることになりました。公園を管理するハノイ公園緑化会社の社長さんを筆頭にハノイ大学農学部卒の女性研究員、従業員それに通訳のお嬢さんです。

サクラ植栽の実地指導は、その要領をメモ書きで示しながら、植栽後の排水をよくすることを基本として、広い植え穴と排水のよい客土の盛り土、そして苗の根の位置を地表のレベルに合わせるという技術の移転を行いました。

すると作業員との間には、ここでも「阿吽の呼吸」が働いて「俺に任せろ」と言った具合で進行し、無事に植栽式典のリハーサルは終了しました。

商社の内部でもサクラを植えることに、賛否があるようです。樋口氏は多くを語りませんが、あえてこれを実行する姿には、野武士の風格がただよいます。それというのも彼の著書「サウジアラビア、アラビア人との愉快な付き合い」の中にサクラの苗を市長さんに贈る下りがありますが、サクラという生き物を介して交わす人間同士の心のふれあいの下りに、サクラは立派に使節の役目を果たしているように受け止められます。

帰国の前夜、樋口氏とのサクラ談議の中で、私はハノイに日本のサクラを植えることは、サクラがネパールあたりからこの地を経て日本に進化していったとすれば、この企画は「いわばサクラの里帰りです」と例の「サクラの来た道」の仮説を引き合いにだしていました。

平成七年二月九日の夜半、我が家のＦＡＸの受信音がブーブーッと音を立てて受信を始めました。ハノイ三井物産事務所の樋口氏からの電文です。

「本日、一九九六年九月八日、朝一〇時よりハノイ中央のレーニン公園において、ハノイ市人民委員会委員長（ハノイ市長）及び、駐ベトナム日本大使による主催、当社上島副社長、三井グループ協賛各社、キャセイパシフィック航空などの出席のもと、好天の中、植樹祭が開かれ、和気あいあいの雰囲気の中で無事終了しました。ご報告申し上げます。」

これは前日に行われたサクラ植栽式典の成功を伝えたもので、昨年の暮れに植栽指導に訪越したわたしとしては、「日本のサクラもベトナムのハノイ市で立派に使節の役目を果たした」と実感しました。

このことは、学術的に「日本のサクラがハノイに里帰りした」と解釈してよいと考えています。つまりハノイやラオスの北部には「サクラの来た道」を実証できるサクラの種が分布しているからです。

そして過日、次のような電話が入りました。

「モシ・モーシ、樋口です。えーとですね、今日ラオスに行きました。ラオスの山岳地帯の町にサクラがありました。ご報告申し上げます。ラオスのサクラは、ちっちゃな花で、エー、押し花にして持って帰ったものと、写真を先生と同じ電子カメラでチャカチャと撮りました。そのフロッピーを送ります。日本まで歩いて来たやつ（サクラ）が、それではないかという発見をしましたので、ご報告します。それからえー、公園に植えたサクラは芽がちゃんと大きくなって、葉がほころびかけています。えー、そんなところです。よろしくー」。

ハノイからのサクラ通信は今日でも交信中です。

六　日ロ共同・モスクワに桜を植える

平成九年四月二十九日より五月七日の一週間をモスクワで過ごしました。六十才の半ばにして生まれて初めてのロシアの旅は、心もおどる初体験です。一昨年から、日本さくらの会の要請で、中国・大連市、ベトナム・ハノイ市にサクラの植樹を行い、その後の生育などを気にしているところへ、同会から「五月の連休の間、モスクワへ…」と再度の依頼です。

モスクワの日本庭園

要請先とその内容は、駐ロシア日本大使からのもので、日ロ友好関係を増進するためロシア政府に一〇〇本のサクラを寄贈するするというものです。

植栽予定地は歴史のあるロシア科学アカデミー所属植物園で、広大な面積（三六〇ヘクタール）のモスクワ市最大の植物園です。

その北側の一角に、わが国万国博基金の協力で産造されたという日本庭園があります。庭園は造園家中島建氏の設計により一九八二年より着工され一九八七年に完工。同年の開園式

モスクワにサクラを植える

には、裏千家の茶道セレモニー、生け花展が催され、日本側から当時の香取大使、元重光大使両夫妻、ソ連側は科学アカデミー総裁、元宇宙飛行士テレシコワ女史など多くの要人が集い盛会をきわめたといいます。

同園ではその後も盆栽、生け花、絵画展など多彩な文化行事が行われ、近年はロシア政府要人、モスクワ市民を含めた文化交流の場として活用されているようです。

サクラの使者成田を発つ

出発は東京のサクラも散り終えた四月二十九日でした。

成田―モスクワ直行便にサクラの苗一〇〇本の入った巨大な段ボールをカウンターに預け、

機上の人となり、東京より六時間おくれの時差でモスクワの空港に到着したのが午後四時。一人緊張感の漂う入国手続きを待っていると造園家の金杉氏が声をかけてくださり安堵しました。

氏は再度の訪ロとか、「あッ！　あそこに日本人大使館の方が迎えに来ていますヨ」と、その人並みの中にはロシア美人も混じっていました。

ロシア日本大使館訪問

翌日は、日本大使館の訪問です。案内されるまま廊下を進むと、そこに三十人ほどの歴代大使の写真が掲げられており、その最前列のロシアの初代日本大使は、わが東京農業大学の創始者「榎本武揚」その人であり、不思議な感動をおぼえました。

その日は、意外に気さくな小町公使が対応され、「サクラの持つ美しさを国境を越えてこのロシアにも広めたい」、また「日本庭園も資金不足で荒れ果てている。援助が欲しい」と強調されていました。

その後、大使館の広報部を訪問し秋本参事官、田口一等書記官から大使館の広報活動や政変に揺れるロシア事情など伺い、午後は温厚な学者アンドレーフ植物園長と日本庭園担当主任のゴロソバさんを交えた昼食会が催されました。「空港でのロシア美人は、なんとその人であったか……」と、いささか緊張して食事をしました。

日本庭園担当のゴロソバ女史

五月三日の朝は雪で明け、みぞれ混じりの底冷えのする悪天候となりました。大使館の田口、福島両書記官、同行の金杉造園技師らと植物園内の日本庭園に向うと、待ち受けていた一台の乗用車から黒いジャンパーに身を包んだ金髪のゴロソバ女史が降り立って来ました。「ドーブルイ、ジェニ！　今日は…」と覚えたばかりのロシア語で挨拶をした後、通訳を介してサクラ植栽についての打ち合わせです。女史の巻き舌まじりの美しいロシア語の発音は、意味不明ながらとても印象的でした。

成田より運び込んだ桜の苗

成田空港から運んだサクラの苗は、「オオヤマザクラ」というサクラの野生種です。北海道、朝鮮半島、ウスリー川流域、サハリン南部に分布し、私はヤマザクラが寒地に適応した「種」と考えています。ヤマザクラより大型で鮮やかなピンクの花はとても美しく、関東では五月上旬、群馬県榛名山の湖畔で鑑賞されます。

モスクワの気象条件を札幌と比較すると、月別気温ではモスクワの冬の厳しさと夏秋が札幌より短いことを除けば両者の気温は良く類似しています。一方、降雨量は札幌が年間一、一四一ミリに対してモスクワは五七五ミリで、やや乾燥気味ですが、このような気象条件から判断して北海道網走産のオオヤマザクラを選びました。

日露共同のサクラ植栽作戦

日本庭園の面積は約二ヘクタール。造園の巨匠中嶋健氏の設計で今回同行の金杉氏はその愛弟子です。

周囲に池をめぐらし、八つ橋、あずま屋風ゲストハウス、茶屋、層塔、灯ろうを配した回遊式庭園です。

サクラの植栽箇所の決定は、庭園本来の姿を損なわぬように、日当たりの良さなどを配慮して五〇本を植えることにしました。

植栽方法は、女史の提案するバケツの中で粘土を水で溶き、苗の根にまぶして植栽する「泥植え法」です。この方法は根の乾焼を防ぎ、植栽後も根に水分を良く吸着させる利点があります。「日口共同のサクラ植栽作戦」は、私と女史との「お手植え」によって開始されました。五本、一〇本と植えるごとにお互いに「阿吽の呼吸」も芽生え、時には疲れ気味の私にウインクをして励ましてくれる豪気さに私はたじろぐ始末。こうしてサクラ植栽作戦の二日間の幕は降りました。

平成九年五月、モスクワに植えた日本のサクラが、一年でも早く花を咲かせ、ロシアの人々との友情をさらに深めることに役立つことを願い、そのプロジェクトに参画できた自分の幸せを味わいつつモスクワを去ることにしました。その間、私を陰ながら支えて頂いた大使館の皆さん、金杉技師へ心から感謝します。

そして、サクラを共に植えた「ゴロソバさん！　今後のことはよろしくお願いします」。では日本より愛をこめて、さようなら……。

七　パラグワイの日本人移住者とサクラ

パラグアイへの旅

昭和六一年九月、国際協力事業団の農林開発部よりパラグアイ派遣の要請がありました。

新しい職場では他事をひかえているため、短期林業専門家としてパラグアイ南部のエンカルナシオンのパラグアイ林業開発センターへの派遣です。そこで私の任務は、数年前から植栽試験が行われているマツ、ユーカリ、パライソ（センダン科）などの試験区の成長解析などでした。

成田国際空港からバリグ航空という飛行機に乗り込み、太平洋をノンストップでサンフランシスコ空港着、機はそこから真すぐ南下をはじめブラジルのリオデジャネイロに着陸、トランジットルームで、リオのカーニバルのテレビ中継を見て、地球の裏側に来たことを実感しました。つぎはパラグアイの首都アスンシオンの空港に向かう小型機に乗り移り、成田から実に二四時間の機内生活は、芯まで疲れ、その第一夜は、時差ボケも重なって体調はきわめて不良となりました。

さて、首都アスンシオンの街は、スペイン統治時代の名残をとどめ、黄色い花をつけたラパーチョや紫色のマメ科ハカランダなどの街路樹が、歩道に涼しげな陰を落としていました。人々の表情はとても穏やかで、犬ものんびりと歩いていました。日本大使館やパラグアイの林野庁長官などに形どおりの挨拶を済ませ、最終目的地のエンカルナシオンという街へ向かいました。アスンシオンから車で約六時間、一見さびしげな町でしたが、豊かな流れのパラナ川をはさんで、アルゼンチンとの交易のにぎわいがあり、海の無い国なのに海軍の軍港があるなどに興味をいだきながら、この街になじんで行きました。

パラグアイの日本人移住者

分厚い報告書が評価されたのか、その翌年の昭和六一年にも短期派遣のアンコール要請がありました。懐かしのCEDEFOの人達との再会、そして日本人移住者とのふれあいです。戦後五〇年、裸一貫でこの地に入植して熱帯林を切り開き、今ではパラグアイ国の農林業に大きな貢献をとげている同胞です。折しも一〇月一日には首都アスンシオンで常陸宮、同妃殿下をお招きして「パラグアイ国日本人移住者五〇年祭」が盛大に行われました。

歌手の南こうせつのアトラクションもあり、外地における日本人の誠実さや勤勉さの原点を見る思いでした。経済成長期の本国から来た専門家としては、国際協力とその派遣の意味につき、パ国への協力以上に「日本人移住者への支援も大切だ」と痛感したものです。

サクラへの郷愁

パラグアイ国での日本人の評判は高く、「お前えは日本人か」と聞かれる度に胸を張りたくなる気分でした。それは五〇年間にわたる日本人移住者の精進のお陰です。ある時、私が「サクラの研究をしている」ことが解ると、皆さんの目が潤み、「今の日本のサクラはどうなのか」「横浜の港から船が遠ざかるあの少年の時の想い出がよみがえる」というくだりでは大粒の涙となり、私も思わずもらい泣きをする始末でした。「今度来るときにはパラグアイでも育つサクラを持ってきますヨ」と約束してパ国二回目の帰国となりました。たくましい日本人移住者に、サクラ（日本）への郷愁をかいま見た思いでした。

二世後継者への悩み

大規模農業では、大豆、トウモロコシなどの農産物の生産が行われています。自然まかせではときならぬ大雨に見舞われ、大規模の土砂崩壊が生じます。昔からの生活の知恵として、マツ類が土止めに植栽されています。ところが二世の人達は、親の苦労を見て育った精か農業を嫌う傾向があります。トラクターを買い与えての足止め策も「Uターンの時、植えたマツが邪魔だと言うので困っている」との話を聞くと、息子への説得の意味をこめ、CEDEFOのメンバーを引き連れて成長比較調査を行い、日本人移住地における土砂流出（エロージョン）防止に、マツ植栽の重要性を示すデータを残して帰国しました。これも本国から来た短期専門家の日本人移住者に対する支援の一つだと考えてのことです。

三度目のパ国訪問

昭和六二年三月には中部パラグアイ林業開発計画の一つ、広大な面積の試験林設計の要請がありました。三度目のパラグアイ訪問です。ここは熱帯林のまっただ中、夜はランプ、朝の用便は、スコップを持って森に消えるという具合です。

約一〇〇ヘクタールの用地に、パラグアイの森林の維持と林業（経済林）に情報を与えるために必要な樹種の選択、その植栽法など多くの問題を克服して試験設計書を作成しなければなりませんでした。期間は約1ケ月の短期間です。パ国のE君、長期専門家のI氏、K氏に助けられて、試験地設計のコンセプトに始まり、とくに郷土樹であるラパーチョ、セドロ、ラウレルなどの貴重な遺伝子保存を強調して、報告書は一応の完成をみました。

パラグワイに移住した日本人の努力は、パラグイ国の人々が、文句なしに認めるところです。大きな夢を描いての異国で、たゆまむ移住生活五〇年の歩みの中には、絶えず、日本の美しいサクラが彼等の胸の中にあることを痛感させられました。暑い国であるが故に、日本のサクラは、夏の暑さに冬が来たと思うのか、生長を止め芽をつくろうとします。また本来の冬期になると雨が冬芽を作ろうとする悪循環のため、ついには日本のサクラは枯れてしまうのです。そのため、彼らは「あのサルスベリ科の樹木が、サクラそっくりだ！」と、あくまでも望郷の念にかられている姿を今でも想い出し、なんとか暑い国でもサクラが育つような品種改良はできないものかと、考えているところです。

六　ワシントン・ポトマックのサクラ

チェリーブラッサム・フェスティヴァル

今から八八年前の明治四五年（一九一二）、東京市から送られた日本の桜（三〇二〇本）、いまその子孫である約五〇〇〇本は、ワシントン市ポトマック公園のタイダル・ベイズン湖周辺に見事な花を咲かせるようになっています。日本のサクラは、いまや米国市民のサクラとして親しまれ愛されており、毎年ポトマック公園では、チェリーブラッサム　フェスティヴァルが盛大に催されています。全米各地からサクラのプリンセスが集い、その中からサクラの女王が選ばれ、また日本のサクラの女王もこれに参加して、文字どおりお祭りに花をそえています。平成一二年三月三日、東京・ホテル・ニューオータニでは、日本さくらの会主催による第一八代サクラの女王選考会が行われ、見事、安田　繭（東京都）さんがその栄冠を得られました。二〇〇〇年のフェスティヴァルでは、日米両国のサクラの女王の参加による盛大な催しが行われることでしょう。それも間近です。

ニューヨークの街角で

わたしは、ワシントンのサクラについて、年々老木を若い活性あるサクラに植え替えられていると理解していました。それは日本では傷だらけの老木でも大切にする風潮とに対して、サクラの身にしてみれば、サクラの若返りには合理的であり、ぜひその管理法など自分の目で確かめたいと思っていた矢先のことでした。平成一〇年七月一九日（一九九八）、三井物産の樋口健夫氏（現在ネパール駐在）の誘いがありアメリカのニューヨークおよびワシントンを訪れる機会を得ました。

真夏のサクラ訪問ですが、花の時期よりサクラの生育状態を見るには、絶好との考えによるものです。あこがれのニューヨークの中心ブロードウエイを歩くとレストラン前には、驚いたことにサクラ（オオヤマザクラと思われた）のコンテナー（鉢）栽培による街路樹が一〇鉢ほど並べられていました。

サクラの背丈は三メートル、根元直径一〇センチで、乾いた歩道に緑の葉陰を落とし潤いを与えていました。東京の銀座でも見かけないこの光景に、美しいものは美しい、実力のある者はそれなりにというアメリカンドリームの精神の中に、日本のサクラが溶け込んでいるのを感じました。

コンテナーの構造は、高さ一メートル、直径八〇センチの木製の樽状で、植え込みの表土には、白い大きめのパーライトが敷き詰めてありました。冠水装置などは、とくになく水管理は手仕事のようでした。「これが植物と付き合うときのアメリカの合理主義なのか」とまたもや感心しながらレストラン前に置かれたコンテナーの周りをぐるぐる回ったり、木を見上げたり葉っぱを触ったりしている変な日本人という状況ですが、「お主、なかなかできるな〜」とそのサクラの扱い方に脱帽です。ちなみにレストランの看板には、ナチュラルレストラン（Natural Restaurante）と書いてありました。

アメリカ気質とサクラ

ニューヨークの街角はもちろん、ワシントンの街、公園、ホテルの玄関先などいたるところにサクラの植え込みや並木を見かけました。その種類は、ソメイヨシノ、カンザン、オオヤマザクラ、それにエドヒガン系のシダレザクラもありました。それぞれの植栽の方法には、憎いほどサクラの性質を知り尽くしたという配慮があり、それによって、サクラの緑は生き生きとしていました。たとえば道路の角々ではサクラは主木として植栽され、その脇には必ずハナミズキやツバキなどがサクラを守る保護樹のように植えられているのです。

このほか、アメリカの人々がいかにサクラに愛着をもつようになったかを示すには、ワシントン・ポスト紙など、コソボ関連でほぼ埋め尽くされた一面の下には、連日のようにベイスン湖のサクラをかじるあのビーバー騒動の記事がありあり、また新聞各紙やテレビは、ポトマックの桜に着ける枕詞として、「米国にも桜の心」、「国の宝」、「人々はこの花で春の訪れを知り……」、「この花を愛でるだけに多くの人がやってくる」という見出しからもうなずかれます。

さらに一般市民は、米国内務省。首都公園管理局の呼びかける日本から送られたサクラを守る目的のドナー制度およびサクラ基金に応じ、世界的にも美しく有名なワシントンDCのダイタルベイスン湖およびポトマック河畔のサクラ、そしてこの公園一帯における将来の緑化の国家的事業に参加しています。

ワシントン・ナショナル　パークサービスにて

平成一〇年（一九九八）七月一〇日の朝、ワシントンDCの天候は快晴で、暑すぎない最高の日でした。先に電子メールでコンタクトをとっておいた。ナショナル　パークサービス（国立公園管理公団）の訪問です。整然と植えられたサクラの林の中に公団の本部があり、受付には警官が座っていて、その腰にはピストルが鈍く光り公園の不似合いな雰囲気です。園芸部でサクラを担当しているロバート・デフェオ主任技師の部屋へ通され、サクラの管理や苦労話を聞くことになりました。その一問一答はつぎのとおりです。

まずわたし達二人は、「今、サクラのことで、一番困っていることは何でしょうか」と、切り出しました。「サクラについて、私たちの最大の悩みは？」と、デフェオ氏は、しゃべりはじめました。

「最も深刻な悩みは、ポトマックの桜があまりに有名になったので、毎年、大勢の観光客や市民が公園を訪問することです。訪問してくれるのは大歓迎ですが、桜の木の下の地面を硬く踏み固めてしまうことです」。「そうですね。桜は、根が浅く広がるから、桜にとっては地面が固まると弱りますね」、「そうなんです。地面が固まる問題を、どうするか対策を練る必要があります。

また、「日本人の観光客には別の問題が生じていますヨ」、それは「日本人の花見の客は、桜の花を折るようです」、「はあ〜」。「せっかく来た記念に小さな枝を折ってしまうのでしょうが、毎年、警察に逮捕される人がたくさんいます。事前に枝を折ってはいけないことを説明すれば良いのですが」。「なるほど。それは何とかしなければいけませんね」と、私たちは多少苦い思いを感じました。

サクラの身元の確認

現在、ポトマックの桜はソメイヨシノが圧倒的に多く、その木を被い尽くすように咲く豪華な開花が米国人の好みにも合うようで非常に人気が高いとのことでした。話の途中で、米国人は、〝ソメイヨシノ〟と呼ぶのは長すぎるらしく〝ヨシノ〟〝ヨシノ〟という愛称が耳に残ります。他にはカンザン、フゲンゾウなどがポトマックに定着していてアメリカの現地でも適応性の高い品種であることを伺い知ることができました。

八八年前、日本から送られたサクラは三〇二〇本で、ソメイヨシノ以外に、アリアケ、フクロクジュ、ギョイコウ、イチヨウ、ジョーニオイ、ミクルマガエシ、シラユキ、スルガダイニオイ、タキニオイなど品種が含まれていました。そのうちギョイコウがホワイトハウスに植えられた他は、すべてポトマック河畔に植えられた。しかし、河が増水するなど、様々な理由で枯れてしまって現存していないとの説明がありました。ソメイヨシノの古木でさえ、最初に植えたものかどうかは未確認のようでした。ただし国会図書館の庭にある桜の古木一本だけは、記録にも明確に残っていて、日本から送られてきた桜の一つに間違いなく、これをもとに他の古木についての樹齢の判定や品種の同定を行うとのことでした。

ポトマックのサクラが有名になるほど、点在するサクラの歴史的が問われるようになり、管理局ではその記録の整理が急がれているようでした。

ポトマックのサクラが枯れる理由

ポトマック川沿いやダイダル・ベイスン湖周辺には、現在、約三七〇〇本のサクラが植えられてます。毎年それらの三割が枯れるので公園管理局としては、その補植が重要な作業となっているとのことでした。たしかに、このあたりのサクラを一巡すると「地下の水位が高いナ」と直感します。そのため上長成長が抑制され、樹形はこじんまりした傘状で樹勢もよくありません。このことは、サクラがあまり大きくならないので、公園内のモニュメントやホワイトハウスなどの建造物の視界を妨げない逆の効果もあるようでした。

「ポトマックの桜は常に植え替えられている」と、日本で得たわたしの知見は、実は若返りのためでなく、湖や河畔という湿潤な土壌環境の悪さのせいであったことを実感しました。

サクラの補植用の苗は、主として米国国内の樹木造園会社から調達されでいるようでした。その補植の方法も機械化され、ちょうどクレーン車に植穴大の爪状のスコップが上に乗っかったような「樹木移植クレーン車?」が開発されていて、その移植の状況を見ることができました。まず、そのクレーン車は、植栽予定地にあらかじめ大きな円錐形の植え穴を開けておき、車は補植用の樹高五メートルほどのサクラのもとへ移動します。そしてサクラの頭上から丸ごと根っ土壌も一緒に抱え込むように堀上げて、そのまま先の植え穴へ行き、ポコンと同じサイズの鉢つき成木をはめ込んで一丁上がりといった具合でした。このダイナミックなサクラの風景はやはり、ポトマック一帯の地形が平坦であるために可能なのかもしれません。ポトマック周辺では毎年間一〇〇本程度のサクラが枯れ植え替えを効率よく行うには偉大な働き手であると思われました。

一方、ポトマックに一九一二年に植樹され、すでに枯損して現存しないオリジナルのサクラの品種群に非常なノスタルジーを感じているようでした。またその枯れた理由にも強い関心を示していました。わたしの意見では、枯れてしまったことは、暖かい地方のサクラや、水没に弱い種類もあるようで、再度持ち込んでも生育は難しいのではと思いました。

ポトマックに淡墨桜そして中国の梅が咲く日

同公社は、米国国立樹木園（US National Arboretum）と連携を計っており、桜の珍種にも、大きな関心を持ってます。しかし、海外からのサクラの導入にはかなりの制約があり、一例として日本から輸入するとすれば、米国では八年間の育成と検疫期間が必要です。その間に問題がなければ導入許可が下りるといった具合です。そこで「日本からはウスズミというサクラがある」と、そのパンフレットが差し出され、米国では新顔の桜として岐阜県根尾村の天然記念物が日本人によって寄付され、その検疫が行われていて、一九九九年の一一月で満期となるためその植樹記念のパーティを行う予定とのことでした。

しかし、これは程度問題でアメリカのポトマックの桜が有名になったことを幸いに、追い討ちをかけるように日本人による団体や個人によってサクラを日本から持ち込んだり、そのイベントをしようとすることに対しては、自重が肝要かと思われます。

一方、興味ある話題としては、「最近、中国から毎年のように、梅の樹をワシントンに贈ってくる」とのことでした。しかし、これらの梅の樹は検定中にほとんど枯れてしまい定着しないと云うのです。中国としては、日本の桜の成功にならっての企画のようだが、その枯れる原因が不明だとデフェオ主任技師は肩をすくめていました。

日本のサクラの開花現象は、春の気温の上昇を慎重に見きわめて開花しますが、ウメの場合、冬季には巣での花芽が活動し始めるため、ワシントン地方の冬の低温（過度な冷却）にさらされると、花芽が凍結し、これを毎年繰り返していくうちに樹勢が衰退し枯死につながるのではないかと考えられました。ワシントンのサクラとウメのお話ですが、ここでは日本のサクラが中国のウメにまさっているようです。

パーク内の隣のゴルフ場のかたすみに、来歴の不明な数本のサクラの古木があるので、見てくれ云われました。公園管理部側でもその記録のない桜の意味を探ろうとしているところでした。ゴルフ場に残された数本の桜の古木はソメイヨシノに間違いないと思われました。広い敷地の中にぽつんと一塊に植えられた樹齢はおよそ五〇年生のソメイヨシノ集団は果して記念植樹の式典の跡であろうか、それとも補植ようの苗がそのまま放置されたのか、依然として不明のままでした。

米国国立樹木園研究所（US National Arboretum）訪問

ポトマックの公園管理局を去ることを告げると、デフェオ氏は自家用車でワシントン市の北東部にある米国国立樹木研究所へわたし達を送ってくれました。同研究所は、ソメイヨシノの雑種説のことで「ソメイヨシノは雑種ではあえいません！」と意気投合したローランド・ジエフアーソン博士がサクラの研究に没頭をした所です。しかし博士はすでに同所をりタイアされ遠い郊外に住んでおられるとのことでお会いできず残念なことでした。

星条旗の翻る研究所の訪問は、主任研究官のディックス・ルース女史（Mrs. Ruth Dix）からサクラの実験林や研究室の案内をいただきました。広大な敷地にサクラの交雑検定林があり、多様なサクラが植栽されていていました。検定木の樹齢から推定すると、ポトマックに日本のサクラが送られたその直後からサクラの研究が開始されたという歴史的な雰囲気が漂っています。サクラそれぞれには、「ソメイヨシノは雑種ではなく純然たる野生種である」と結論したローランド博士の情熱と努力が偲ばれました。ニューヨークやワシントンの大都会の中で、当然のようにサクラが主役として取り扱われている技術力は、この研究所から発信されているように感じられました。

また、この研究所では、どのような新種のサクラが開発されているかも関心の一つでした。その時、案内のルースさんが急に足を止めた場所のサクラを見てわたし達二人は思わず「あっ」と息を吞みました。その桜の幹は、黄金色に光っているのです。説明によれば、朝鮮半島あたりに分布するサクラの種 *Prunus maackii* をベースにした交雑種ということでした。

このサクラは、同研究所の組織培養室で増殖が行われ、順化室で立派な苗木になっていました。このサクラの幹の肌は、花の咲く頃には、もっと幹が輝くという説明を聞くにおよんで、わたし達は、勝手に。「アメリカ黄金桜」という日本名をつけて有項天でした。帰国後このマッキー（*Prunus maackii*）という種は、日本花の会の茨城県結城農場にそのストックがありました。ちょっと不勉強を恥じる思いです。

また同研究所では、盆栽の研究も行い、一般市民にその普及を呼びかけ定期的に講習会を行っており、パンフレットも発行され盛会とのことでした。ことほどさように、日本の研究所そこのけの感です。

さて米国における研究費のことにふれると、予算には寄付金を基に、科学的、組織的、計画的に、サクラや主要な樹木の品種改良による新品種の開発が進められており、日本の現状と比較して本当にうらやましい思いです。

土地の狭い日本では望めないゆとりのある敷地が首都の中にあることも含めて研究室のバイオ関連の培養室や器具などの近代的設備もすばらしく、サクラ関連だけでプロジェクトチームの予算は、年間五〇万ドル（約七五〇〇万円）の予算を使っているとのことでした。それよりも何よりも、ルースさんをはじめ研究員の表情がいかにも穏やかで、心にゆとりを持って仕事をしている様子が印象的でした。

ポトマックのサクラの歴史

国立公園管理局および米国国立樹木研究所も終え、アメリカの地で日本の桜に思いをめぐらす中で、わたしは「ポトマックに桜を贈った」いう考え方から」「ポトマックに桜を送つた」という意味を取り違えていることに気づきました。

サクラを初めて米国に贈った人として、当時の東京市長の尾崎行雄の名が知られていますが、彼はその時に市長をしていて、その発案者ではなかったのです。

ワシントンの桜にまつわる歴史上初めて日本の桜に感心を示した人に、クラーク博士（札幌農学校）が登場します。ついで昆虫学者のフェアチャイルド（電話を発明したアレキザンダー・グラハム・ベルの娘婿）、そして「エレナ・シドモア記者」、「タフト大統領夫人」。これらの人物がワシントンの桜の先駆者であたのです。

以下、ワシントンの桜の歴史について、自らの不勉強を含めて、現地の資料をもとに「ポトマックの桜」の年表を作ってみました。

ポトマックのサクラの歴史年表

一八七六年　札幌農学絞のクラーク博士は、日本のサクラの美しいことを知り、米国の実家へタネを送った。

一九〇二年　米国農務省Dr.フェアチャイルド氏もサクラの花に魅せられ高木という植木屋から三〇種ほどの品種をカルホルニアに送ったが、ほとんど枯死した。

一九〇四年　（明治三五年）エリザ女史とフェアチャイルド氏は農務省の昆虫学者C・マーラットの私邸のサクラを観る会に招かれ、サクラの花吹雪を見た。そしてその花の美しさに魅せられ、サクラが米国でも育つことを確信した。

一九〇四年　エリザ女史とフェアチャイルド氏は、ワシントン市のポトマック河畔に遊園地や公園化される計画を知る。

一九〇六年　フェアチャイルド氏は、サクラの苗木一二五本を横浜から取り寄せメリーランドの森林内に植えた。

一九〇八年　（明治四一年）第二七代米国大統領にウイリアム・タフト氏が当選

一九〇九年　フェアチャイルド氏がメリーランドの森林に植えたサクラは満開となる。そしてサクラがワシントン市でも十分に育つことの実証と確信を得た。エリザ女史はタフト大統領のヘレン夫人にワシントン市へのサクラ移植計画の話を積極的に持ちかけ同意を得る（エリザ五三歳）。

一九〇九年　当時、日本はロシアとの戦争で勝利を得、アメリカ人は日本に対して好意を寄せていた。

一九〇九年　六月二日、ニューヨークの水野総領事は、日本の小林外務大臣にサクラに関する書簡を送る。（エリザが水野総領事に当てた手紙には、米大統領夫人のサクラに対する熱い思いが記されていた。

水野総領事の書簡には　日本のサクラをワシントン市（華盛頓市）に送られたし東京市元市長尾崎行男殿とあり。

一九〇九年　一一月二四日、サクラの二〇〇〇本が日本郵船加賀丸に積み込まれて横浜港を出航。

一九一〇年　一月二八日サクラの苗木には害虫およびその卵などが付着しているのが発見され全て焼却処分される。

一九一二年　日本側は国の面目にかけ二月一四日第二回目のサクラの苗を船便で出荷する。約一ケ月後の三月二日ワシントンに苗木到着。検閲の結果、苗の病害虫はまったく発見されずアメリカ側を驚かせた。

一九一二年　明治四五年三月一三日ポトマック河畔において、ささやかな植樹祭が行われた。最初にヘレン大統領夫人、ついで珍田日本大使婦人、そして最後にエリザ・シドモア女史が鍬をとって植樹をした。

一九二一年　（大正一〇年）植栽から九年目、ポトマック河畔のサクラは見事に開花した。

一九二四年　（大正一三年）ワシントン市のサクラは九九パーセント健全に成長したと報道された。その後、不幸な戦争中は〝日本のサクラ〟は、〝東洋のサクラ〟と呼ばれた。

一九二五年　（大正一四年）エリザ女史はワシントン市を去りスイスのジュネーブに移り住む。

一九二八年　（昭和三年）エリザ女史はジュネーブにて死去、七二歳日本政府の要請でエリザ女史の遺骨を母と兄の眠る横浜市の外人墓地に葬られることになる。

一九二九年　明治四年四月三日、横浜外人墓地で納骨式が行われた。エリザが亡くなる前年の一九二七年四月一六日、ワシントン市のポトマック河畔で第一回のサクラ祭りが開催された。

一九九一年　（平成三年）ワシントン市から里帰りしたサクラ苗木が外人墓地のエリザの墓前に植栽された。日本ではジドモアウォークが行われエリザの偉業をたたえる運動が行われている。

ワシントンのサクラのおわりに

真夏のワシントン、ニューヨークの旅は、アメリカでのサクラの生き方を見るには好機でした。短い時間でしたが、わたしのサクラ観は大きく変化しました。その理由の一つは、八八年前、日本からアメリカに渡った「日本のサクラ」は、もうすっかり米国国民の「アメリカのサクラ」になっていることでした。二つには、美しいものは美しい、実力のあるものは受け入れられるというアメリカの包容力、そして三つ目は、今日までポトマックのサクラを守り研究し、それをサポートするアメリカ国民参加の三位一体の姿です。

とくにのホームページを開くと「わたし達の未来のサクラ」のためにと基金をつのる内容がでてきます。そこにアメリカ国民の「奉仕の精神」が見えてきます。サクラの花見に来て枝を折り警官に逮捕されたり、サクラのことは、あなた任せのわたし達日本人は、大いに見習うべきかと痛感しました。

最後に「アメリカのサクラ」を学ぶに当たって、大変お世話になった三井物産・樋口建夫氏およびサクラについての苦労話や貴重な資料の提供をいただいた米国公園管理局のサクラ担当ロバート・デフェオ主任技師、米国樹木研究所ならびにルース・ディックス主任研究官に心からの感謝を申し上げます。

［参考文献］

The Japanese Flowering Cherry trees of Washington DC : U.S Department of agriculture, 1977.
NeoVillagers of Japan Donate Ancient Flowering Cherry to the United States : DIVERSITY, 1992.
The Cherry Blossoms of Washington DC by National Capital Park-Central, Robert Defeo, 1998.
ARBOR-friends : Friends of the National Arboretum, 1988.
Blossoms in our Future, National Capital Parks-Central : http://www.nps.gov/nacc/blossoms/ 2000

あとがき

わたしの研究歴の中では、マツ、スギ類をはじめツバキ、ユーカリ、アカシアそしてハンノキ類など多くの樹種について、その遺伝や育種を手がけてきました。サクラは最後の対象樹種ということになります。とくに興味ある点は、サクラは豊かな森林の中に根を張り、派手に花を咲かせて小鳥や昆虫類に繁殖をゆだね、まるで王公貴族のような生き方をしています。これに反してハンノキ類は、荒涼たる未開の土地に風と水を利用して生きる樹木です。この両種の生き方を対比しながらサクラと付き合っていくと、限りなくサクラの不思議へのとりことなり、これに挑戦しようという意欲をかきたてるものがありました。本書の内容については、サクラについて一研究者の感じたままを述べ、仮説や思いつきも多々あります。これを機会にご批判などを頂けたら幸いに思っています。

サクラはまた、多くの人々とを結びつける樹木でもありました。季節の喜びを与え、思い出をつくり、異国の日本人はサクラへの郷愁にかられ、海外では日本のサクラは使節のとしての役割を果たしています。アメリカに渡った日本のサクラは、もうアメリカ国籍をもつほどアメリカの人々に愛され、サクラの研究も盛んです。

こうして、自分なりのサクラ観を述べていると、わたし自身に対し、賛同や批判をしてくれる多くの知人を得ることの幸せを感じています。そのことは東京農業大学で教鞭をとる機会を得ることとなり、若い学生諸君に未来を語るよろこびもその一つです。

また、本書「サクラの来た道」を出版するに当たっては、ご鞭撻とご支援を頂いた本学の牧恒雄・農業資料室長および同室員・梅室英夫氏、ならびに信山社の袖山貴氏の方々に対して心から感謝を申し上げる次第です。

二〇〇〇年三月

染郷正孝

事項索引

ア 行

カ 行

サ 行

タ　行

ナ　行

ハ　行

マ行

ヤ行

ラ 行

ワ 行

[著者略歴]

染郷正孝（そめごう・まさたか）

1930年，宮崎県に生まれる。1947年，宮崎県立宮崎農学校卒。同年，農林省林業試験場にはいる。ツバキ，アカシア，スギなどの育種，細胞遺伝の研究に従事。1964年，宮崎大学教育学部非常勤講師。1977年，フタバガキ科樹木の細胞学的研究のためマレーシア森林研究所に海外出張。

1984年，筑波大学より農学博士「ハンノキ属ミヤマハンノキ亜属の細胞遺伝学研究」。同1987年，日本林学会より林学会賞受賞

＜著書＞

『つばき・さざんか』（宮崎県，1955年），『宮崎の並木』（日向日日新聞社，1967年）『つぎ木・とり木の理論と実際』（地球社，1973年）

『実用樹木図説』（朝倉書店，1993年）

現在　元東京農業大学短期大学部教授

桜の来た道―ネパールの桜と日本の桜―

2000年3月15日　第1版第1刷発行　1704-01011-150
2006年9月15日　第1版第2刷発行　1704-01021-100

著者　染郷正孝

発行者　今井貴
発行所　株式会社　信山社
113-0033　東京都文京区本郷6-2-9-102
電話　03（3818）1019
FAX　03（3818）0233

Printed in Japan

ISBN4-7972-1704-9　C1045

013-080-020-050
012-080-020

NDC分類　479.751植物学・サクラ(歴史)

ISBN4-7972-1533-X 進化生研ライブラリー4 新刊案内 1993.9
NDC 分類 478.001 植物
(財)進化生物学研究所 西田 誠 編

1533 裸子植物のあゆみ

――ゴンドワナの記憶をひもとく――

A5変型上製 総 116 頁カラー 定価:本体 4,500 円(税別)

☆進化というと恐竜やシーラカンス、三葉虫、アンモナイトといった動物たちを思い浮かべる人が多いであろう。こんな奇妙な形をした動物たちがいたと思うだけで興奮を禁じ得ない。では、植物はどうであろう。植物はみんな緑色で同じような形をしているばかりだし、だいいち動かないから面白くないと思っている方が多いかもしれない。それでも少し興味を持ってみれば、植物も捨てたものではない。
☆私は、シダ類から植物の研究に足を踏み入れた。そのきっかけは、若かかりし頃の失恋の痛手であった。我が人生は花も咲かぬものと世をはかなみ、自分の進むべき道は他の植物の陰にひっそりと生き、花も咲かせぬシダの研究しかないと思ったからである。しかし、私の研究は化石植物に基づく陸上植物の進化へと発展し、皮肉なことに花を咲かせる植物(被子植物)の起源を追い求めることとなった。そして、現在の被子植物たちにいたる進化の過程を考えるとき、避けて通れぬのが裸子植物であった。
☆本書は植物のなかでも比較的なじみのうすい、この「裸子植物」というなかまを紹介している。現在、私たちの目に触れる植物のほとんどは被子植物であり、地球上に 25 万種もあるといわれている。それに較べ裸子植物の種数は 1,000 にも届かず、美しい花も咲かせない。しかし私たちは気づかぬうちに裸子植物に結構親しんでいる。イチョウやソテツ、マツやスギなど、日本では知らない人の方が少ないと思う。これらの植物をよく見てみると、花は咲かないまでもその形や実のつき方などにずいぶん大きな違いがあることがわかる。その違いは、実は被子植物の 2 倍以上という裸子植物の長い歴史を反映しているからであり、その歴史の過程で今の被子植物が生まれてきた。そしてその過程は、かつて南半球に存在したゴンドワナ大陸が分裂し、現在の大陸分布へと移動していった過程と重なるのである(**西田誠**)。 **【執筆者】吉田彰 西田治文 朝川毅守**

[目 次]